中等职业教育数字化创新教材

供中等卫生职业教育各专业使用

计算机应用基础实训指导

主　编　施宏伟

副主编　岑建辉　刘东梅　李新宇　黄　英

编　者　（按姓氏汉语拼音排序）

安海军（开封大学医学部）

岑建辉（百色市民族卫生学校）

董易享（大连铁路卫生学校）

黄　英（阳泉市卫生学校）

李新宇（长治卫生学校）

刘　楠（通化市卫生学校）

刘东梅（沈阳市中医药学校）

刘惠玲（太原市卫生学校）

刘敏敏（石河子大学护士学校）

任宇宁（吕梁市卫生学校）

施宏伟（通化市卫生学校）

宋艳芳（石河子卫生学校）

王伟成（桂林市卫生学校）

熊　英（重庆市医药卫生学校）

严的兵（安徽省淮南卫生学校）

科学出版社

北　京

内 容 简 介

本书是中等职业教育数字化创新教材《计算机应用基础》的配套实训指导教材，主要内容包括计算机基础知识，Windows 7 操作系统，文字处理软件 Word 2010，电子表格软件 Excel 2010，演示文稿软件 PowerPoint 2010，计算机网络与 Internet 基础，医学信息系统等。本书采用案例引领，任务驱动方式，从案例入手，将知识点融入案例的分析和操作中，使学生在学习过程中不仅掌握独立的知识点，而且能够培养综合分析问题和解决问题的能力。

本书实用性强，可作为中等卫生职业教育各专业计算机应用基础课程的配套实训教材，也可以作为计算机技术培训及计算机操作学习用书。

图书在版编目 (CIP) 数据

计算机应用基础实训指导 / 施宏伟主编 .—北京：科学出版社，2016.8
中等职业教育数字化创新教材
ISBN 978-7-03-048365-2

Ⅰ. 计… Ⅱ. 施… Ⅲ. 电子计算机—中等专业学校—教学参考资料 Ⅳ.TP3

中国版本图书馆 CIP 数据核字（2016）第 114861 号

责任编辑：张立丽 / 责任校对：贾伟娟
责任印制：赵 博 / 封面设计：张佩战

科 学 出 版 社 出版
北京东黄城根北街 16 号
邮政编码：100717
http://www.sciencep.com

三河市骏杰印刷有限公司印刷
科学出版社发行 各地新华书店经销
*

2016 年 8 月第 一 版 开本：787×1092 1/16
2020 年 1 月第五次印刷 印张：12
字数：285 000

定价：**27.80** 元
（如有印装质量问题，我社负责调换）

中等职业教育数字化课程建设项目
教材出版说明

为贯彻《国家中长期教育改革和发展规划纲要（2010—2020年）》、《教育信息化十年发展规划（2011—2020年）》等文件精神，落实教育部最新《中等职业学校专业教学标准（试行）》要求；为调动广大教师参与数字化课程建设，提高其数字化内容创作和运用能力，结合最新数字化技术促进职业教育发展，科学出版社于2015年9月正式启动了中等职业教育护理、助产专业数字化课程建设项目。

科学出版社前身是1930年成立于上海的龙门联合书局，于1954年与中国科学院编译局合并组建成立，现隶属中国科学院，员工达1200余名，其中硕士研究生及以上学历者627人（截至2016年7月1日），是我国最大的综合性科技出版机构。依托中国科学院的强大技术支持，我社于2015年推出最新研发成果："爱医课"互动教学平台（见封底）。该平台可将教学中的重点内容以视频、语音及三维模型等方式呈现，学生用手机扫描常规书页即可免费浏览书中配套3D模型、动画、视频、护考模拟试题等教学资源。

本项目分数字化教材建设与资源建设两部分，数字化课程建设项目与"爱医课"互动教学平台进行了首次有益结合，是我国中等职业层次首套数字化创新教材。2015年10月开展了建设团队的全国遴选工作，共收到全国62所院校575位老师的申请资料，于2016年1月在湖北武汉召开了项目启动会及教材编写会。

（一）数字化教材的编写指导思想

本次编写充分体现职业教育特色，紧紧围绕"以就业为导向，以能力为本位，以发展技能为核心"的职业教育培养理念，遵循"理论联系实际"的原则，强调"必需、够用"的编写标准，以数字化课程建设为方向，创新教材呈现形式。

（二）本套数字化教材的特点

1. 按照专业教学标准安排课程结构　本套数字化教材严格按照专业教学标准的要求设计科目、安排课程。全套教材分公共基础课、专业技能课、专业选修课及综合实训四类，共计39种，体系完整。

2. 紧扣最新护考大纲调整内容　本套系列教材参考了"国家护士执业资格考试大纲"的相关标准，围绕考试内容调整学习范围，突出考点与难点，方便学生在校日常学习与护考接轨，适应护理职业岗位需求。

3. 呈现形式新颖　"数字化"是未来教育的发展方向，本项目39种教材均将传统纸质教材与"爱医课"教学平台无缝对接，形式新颖。能充分吸引职业院校学生的学习兴趣，提高课堂教学效果。使学生用"碎片化时间"学习，寓教于乐，乐中识记、乐中理解、乐中运用，为翻转课堂提供了有效的实现手段。

（三）本项目出版教材目录

本项目经中国科学院、科学出版社领导的大力支持，获年度重大项目立项。39种教材具体情况如下：

中等职业教育数字化课程配套创新教材目录

序号	教材名	主编	书号	定价（元）
1	《语文》	孙 琳 王 斌	978-7-03-048363-8	39.80
2	《数学》	赵 明	978-7-03-048206-8	29.80
3	《公共英语基础教程（上册）》（双色）	秦博文	978-7-03-048366-9	29.80
4	《公共英语基础教程（下册）》（双色）	秦博文	978-7-03-048367-6	29.80
5	《体育与健康》	张洪建	978-7-03-048361-4	35.00
6	《计算机应用基础》（全彩）	施宏伟	978-7-03-048208-2	49.80
7	《计算机应用基础实训指导》	施宏伟	978-7-03-048365-2	27.80
8	《职业生涯规划》	范永丽 汪 冰	978-7-03-048362-1	19.80
9	《职业道德与法律》	许练光	978-7-03-050751-8	29.80
10	《人际沟通》（第四版，全彩）	钟 海 莫丽平	978-7-03-049938-7	29.80
11	《医护礼仪与形体训练》（全彩）	王 颖	978-7-03-048207-5	29.80
12	《医用化学基础》（双色）	李湘苏 姚光军	978-7-03-048553-3	24.80
13	《生理学基础》（双色）	陈桃荣 宁 华	978-7-03-048552-6	29.80
14	《生物化学基础》（双色）	赵勋麒 王 懿 莫小卫	978-7-03-050956-7	32.00
15	《医学遗传学基础》（第四版，双色）	赵 斌 王 宇	978-7-03-048364-5	28.00
16	《病原生物与免疫学基础》（第四版，全彩）	刘建红 王 玲	978-7-03-050887-4	49.80
17	《解剖学基础》（第二版，全彩）	刘东方 黄嫦斌	978-7-03-050971-0	59.80
18	《病理学基础》（第四版，全彩）	贺平泽	978-7-03-050028-1	49.80
19	《药物学基础》（第四版）	赵彩珍 郭淑芳	978-7-03-050993-2	35.00
20	《正常人体学基础》（第四版，全彩）	王之一 覃庆河	978-7-03-050908-6	79.80
21	《营养与膳食》（第三版，双色）	魏玉秋 戚 林	978-7-03-050886-7	28.00
22	《健康评估》（第四版，全彩）	罗卫群 崔 燕	978-7-03-050825-6	49.80
23	《内科护理》（第二版）	崔效忠	978-7-03-050885-0	49.80
24	《外科护理》（第二版）	闵晓松 阴 俊	978-7-03-050894-2	49.80
25	《妇产科护理》（第二版）	周 清 刘丽萍	978-7-03-048798-8	38.00
26	《儿科护理》（第二版）	段慧琴 田 洁	978-7-03-050959-8	35.00
27	《护理学基础》（第四版，全彩）	付能荣 吴姣鱼	978-7-03-050973-4	79.80
28	《护理技术综合实训》（第三版）	马树平 唐淑珍	978-7-03-050890-4	39.80
29	《社区护理》（第四版）	王永军 刘 蔚	978-7-03-050972-7	39.00
30	《老年护理》（第二版）	史俊萍	978-7-03-050892-8	34.00
31	《五官科护理》（第二版）	郭金兰	978-7-03-050893-5	39.00
32	《心理与精神护理》（双色）	张小燕	978-7-03-048720-9	36.00
33	《中医护理基础》（第四版，双色）	马秋平	978-7-03-050891-1	31.80
34	《急救护理技术》（第三版）	贾丽萍 王海平	978-7-03-048716-2	29.80
35	《中医学基础》（第四版，双色）	伍利民 郝志红	978-7-03-050884-3	29.80
36	《母婴保健》（助产，第二版）	王瑞珍	978-7-03-050783-9	32.00
37	《产科学及护理》（助产，第二版）	李 俭 颜丽青	978-7-03-050909-3	49.80
38	《妇科护理》（助产，第二版）	张庆桂	978-7-03-050895-9	39.80
39	《遗传与优生》（助产，第二版，双色）	潘凯元 张晓玲	978-7-03-050814-0	32.00

注：以上教材均配套教学 PPT 课件，在"爱医课"平台上提供免费试题、微视频等多种资源，欢迎扫描封底二维码下载

科学出版社

2017 年 1 月

前　言

21 世纪是以信息技术和生命科学为核心的科技进步与创新的世纪，计算机技术发挥着越来越重要的作用，计算机应用水平已经成为中高职毕业生的业务素质和能力的标志之一。掌握计算机的基本知识，提高计算机应用能力，是 21 世纪实用型卫生人才必须具备的基本素质。"计算机应用基础"是中等卫生职业教育的重要课程，国家教育部也把"计算机应用基础"列为各专业学生必修的文化基础课程。

本书是中等职业教育数字化创新教材《计算机应用基础》的配套实训指导教材，依据国家教育部颁布的"非计算机专业教学的基本要求"和现行的教学大纲编写。为了适应计算机应用技术的发展，本书采用 Windows 7 操作系统平台，Office 套件采用文字处理软件 Word 2010、电子表格软件 Excel 2010 和演示文稿制作软件 PowerPoint 2010。本书注重强化技能培养，突出实用性。本书除了详细介绍操作系统和办公软件的使用，还增加介绍常用的微博、腾讯 QQ、微信等软件的使用。根据当前计算机技术在医疗卫生部门的应用和普及，介绍医学信息学基础，如医院信息管理系统、电子病历管理系统等。

本书内容的组织与编写围绕中等卫生职业教育的培养目标，采用案例引领，任务驱动方式，从案例和任务分析入手，将计算机应用基础的知识点融入案例的分析和操作中，使学生在学习过程中既掌握独立的知识点，又能培养综合分析问题和解决问题的能力，从而更好地调动学生学习的积极性和主动性，增强学生适应实际工作的能力。本书实用性强，可作为中等卫生职业教育各专业计算机应用基础教材，也可以作为计算机技术培训及计算机操作学习用书。

本书体现了"以就业为导向，以能力为本位，以发展技能为核心"的职业教育培养理念，在编写过程中广泛听取了不同地区中高职学校计算机基础课程的教育专家和资深老师的意见和建议，本书是编写人员及所在学校老师同心协力创造性劳动的成果。本书从开始编写到完成经多次讨论和修改，难免有不足之处，恳请各位读者提出宝贵意见及建议，以便于我们改正和提高。

施宏伟

2016 年 6 月

目　　录

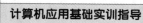

第一章 计算机基础知识

实训 1 计算机系统组成及开关操作

任务一 认识微型计算机和常用设备

微型计算机是人们日常生活中使用最普遍的计算机，它具有体积小、灵活性大、价格便宜、使用方便等特点。使用微型计算机和各种常用设备共同工作，我们就可以实现某些具体的功能。

 案例设计

大部分学生都接触过微型计算机，但是对各种设备并不熟悉。在新事物层出不穷的今天，各种设备也在不断更新，下面认识微型计算机和常用设备。

讨论： 大家都见过哪些微型计算机和常用设备？请描述该设备的功能和名称。

 链接

微型计算机

微型计算机简称微型机、微机，由于其具备人脑的某些功能，所以也称为电脑。微型计算机是由大规模集成电路组成的体积较小的电子计算机，它是以微处理器为基础，配以内存储器及输入／输出 (I/O) 接口电路和相应的辅助电路而构成的。

【实训目的】

1.加深对微型计算机和常用设备的认知。

2.熟悉各设备的名称。

【实训准备】

1.学生自己查看书籍或查询百度。

2.教师在实训室准备好微型计算机和常用设备。

【实验步骤】

(1) 学生指出微型计算机各设备名称（图 1-1）。

(2) 学生指出常见的设备（图 1-2 和图 1-3）。

图 1-1 微型计算机

图 1-2　打印机

图 1-3　扫描仪

任务二　了解微型计算机的内部结构

主机箱中安装有微型计算机主要的核心元件，主要有主板、CPU、内存、硬盘、显卡、电源等，我们需要了解这些元件的功能和安装位置。

 案例设计

微型计算机内部都有些什么元件呢？打开主机箱，有些元件我们认识有些不认识，总体来看像是复杂的电路。下面认识微型计算机的内部结构。

讨论：微型计算机内部是什么样的？里面有哪些元件？

图 1-4　主机箱的内部结构

【实训目的】

1. 了解微型计算机的内部结构。

2. 了解 CPU、内存、主板、电源、硬盘等设备的作用和安装位置。

【实训准备】

1. 学生自己查看书籍或查询百度。

2. 教师在实训室准备好微型计算机和常用设备。

【实验步骤】

1. 认识各元件　打开主机，认识内部各元件的名称和所处的位置（图 1-4）。

2. 了解各部件的主要功能　主板：又叫主机板或母板，它安装在机箱内，是微机最基本的也是最重要的部件之一。主板一般为矩形电路板，上面安装了组成计算机的主要电路系统，一般有 BIOS 芯片、I/O 控制芯片、CPU 插座、内存插槽、各种输入/输出接口、扩充插槽、供电接口等元件，如图 1-5 所示。

CPU：也叫中央处理器，是计算机的心脏，是完成各种运算和控制的核心，也是决定计算机性能的最重要的部件，如图 1-6 所示。

内存：由插在主板内存插槽中的若干内存条组成，如图 1-7 所示。内存的质量好坏与容量大小会影响计算机的运行速度。内存从能否写入的角度来分，可以分为 RAM(随机存取存储器) 和 ROM(只读存储器) 两大类。

图 1-5 主板   图 1-6 CPU

硬盘：硬盘是计算机主要的存储媒介之一，由一个或者多个铝制或者玻璃制的碟片组成，碟片外覆盖有铁磁性材料，如图 1-8 所示。

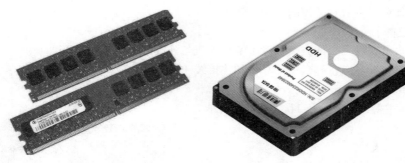

图 1-7 内存   图 1-8 硬盘

电源：负责将普通市电转换为计算机可以使用的电压，一般安装在计算机内部。计算机的核心部件工作电压非常低，并且由于计算机工作频率非常高，因此对电源的要求比较高。目前计算机的电源为开关电路，将普通交流电转为直流电，再通过稳压控制，将不同的电压分别输出给主板、硬盘、光驱等计算机部件，如图 1-9 所示。

光驱：计算机用来读写光碟内容的机器，也是在台式机和笔记本便携式电脑里比较常见的一个部件。光驱可分为 CD-ROM 驱动器、DVD 光驱 (DVD-ROM)、康宝 (COMBO)、蓝光光驱（BD-ROM）和刻录机等，如图 1-10 所示。

图 1-9 电源   图 1-10 光驱

任务三 掌握主机和外设连接

要使微型计算机能够工作，首先要将各个主要设备与外设连接起来。只有这些设备连接在一起，微型计算机才能正常工作。

案例设计

微型计算机主机和外部设备如何连接呢？主机箱上有各种接口，通过这些接口连接显示器、键盘、鼠标、打印机等设备。下面介绍连接主机和外部设备的方法。

讨论：微型计算机主机和外部设备如何连接？各种形状的接口会不会连接错误呢？

【实训目的】

1. 了解计算机各接口的类型。
2. 掌握计算机主机和外设的连接方法。

【实训准备】

1. 学生自己查看书籍或查询百度了解计算机与外设的连接。
2. 教师在实训室准备好微型计算机和连接线。

【实验步骤】

（1）连接电源线，如图 1-11、图 1-12 所示。

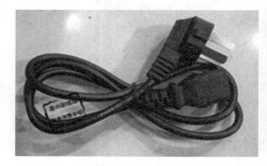

图 1-11　电源线　　　　　　　　　　图 1-12　连接电源线

（2）连接显示器，连接到 VGA 接口，如图 1-13 所示。

（3）连接键盘，连接到 PS/2 接口，如图 1-14 所示。

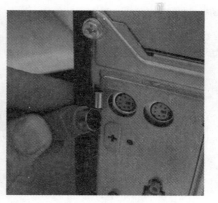

图 1-13　连接显示器　　　　　　　　图 1-14　连接键盘

（4）连接鼠标，连接到 USB 接口，如图 1-15 所示。打印机通常也采用 USB 接口连接。

图 1-15　连接鼠标

任务四　掌握正确的开关机方法及安全操作

开关机在很多人眼里是一件非常简单的事情，如果操作的方法不适当，有可能会对计算机造成不必要的损坏，所以正确地开关机就显得尤为重要了。

 案例设计

我们都有过这样的经验，在打开家里空调的一瞬间，灯会有短暂的不稳定现象。计算机在电路中开关机时，同样会受到类似的影响，有时还会造成损伤，所以正确地开关机就显得尤为重要了，那么计算机开关机的正确操作顺序是怎样的呢？

讨论：为了保护计算机，如何正确地开关机？

【实训目的】
1. 掌握正确的开关机方法。
2. 了解按一定顺序开关机的原因。

【实训准备】
1. 学生自己查看书籍或查询百度。
2. 教师在实训室准备好微型计算机和常用设备。

【实验步骤】

1. 开机的正确顺序

（1）打开总电源，就是接通主机与显示器的总电源，一般是一个插排。

（2）先开显示器，再开主机。

2. 关机的正确顺序

（1）关闭所有程序，首先要关闭打开的所有程序，这样才不会忘记保存文件，关机速度也会加快。

（2）单击"开始"按钮，选择关闭计算机命令。

（3）关闭显示器。

（4）关闭总电源。

实训2 指法练习

任务一 熟悉键盘结构，会正确使用键盘

键盘是最常用也是最主要的输入设备，通过键盘可以将英文字母、数字、标点符号等输入到计算机中，从而向计算机发出命令、输入数据等。

 案例设计

大部分学生其实都会打字，也会使用键盘，但是并不了解键盘上所有按键的功能。下面来认识键盘结构，学会正确使用键盘。

讨论：大家都认识键盘上的每一个按键吗？请描述每个按键的功能和名称。

链接

键盘的发展

键盘发展经历过83键、84键、101键和102键，在 Windows 95 面世后，在101键盘的基础上改进成了104/105键盘，增加了两个 Windows 按键。传统的桌面型键盘经历了机械式、塑料薄膜式、电容式、导电橡胶式的发展历程。如今键盘已彻底抛弃了传统的机械式，多采用橡胶按键加薄膜开关式结构。

【实训目的】

1. 认识键盘的结构。

2. 熟练使用键盘。

【实训准备】

1. 学生自己查看书籍或查询百度。

2. 教师在实训室准备好微型计算机。

【实验步骤】

1. 认识键盘 键盘主要分为功能区、主键盘区、编辑键区、小键盘区，如图1-16所示。

2. 认识各个按键的作用 （图1-17）

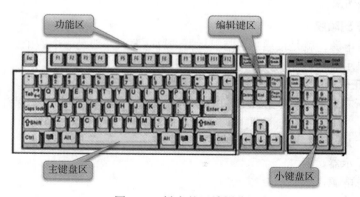

图 1-16　键盘的区域划分

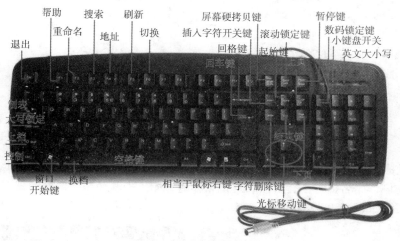

图 1-17 各个按键的作用

3. 键盘指法分布　键盘标准指法指的是将键盘上的全部字符合理地分配给 10 个手指，并且每个手指都要按规定的键位进行控制。其中 A、S、D、F、J、K、L、；这 8 个键称为基准键位，F 和 J 键称为定位键，键面上有一个凸起的横杠，便于用户迅速找到这两个键，将左右食指分别放在 F 和 J 键上，两个拇指放在空格键上，其余三指依次放下就能找准基准键位。每一个手指都有其固定对应的按键，如图 1-18 所示。

计算机键盘指法分布图

图 1-18 键盘指法分布

任务二　鼠标操作练习

鼠标是计算机的一种输入设备，分为有线和无线两种，也是计算机显示系统纵横坐标定位的指示器，因形似老鼠而得名"鼠标"。

讨论： 大家都见过什么样的鼠标？请描述鼠标的基本操作。

链接

鼠标的分类：鼠标按其工作原理及其内部结构不同可以分为机械式、光机式和光电式，目前使用的鼠标都是光电式的。

【实训目的】

1. 了解鼠标的各部分名称。

2. 掌握鼠标的基本操作。

【实训准备】

1. 学生自己查看书籍或查询百度。

2. 教师在实训室准备好微型计算机和相关设备。

【实验步骤】

（1）学生指出鼠标的各部分名称，如图 1-19 所示。

（2）鼠标握持的正确方法：食指和中指自然地放置在鼠标的左键和右键上，拇指横放在鼠标的左侧，无名指与小指自然放置在鼠标的右侧。手掌轻贴在鼠标的后部，手腕自然垂放于桌上，如图 1-20 所示。

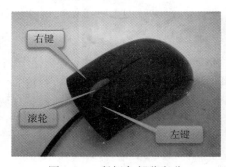

图 1-19　鼠标各部分名称　　　　　　　图 1-20　鼠标的握持方法

（3）鼠标的基本操作。

移动：按照前面讲过的鼠标的握持方法正确握住鼠标，在桌面或鼠标垫上移动。此时，指针也会作相应移动。

单击：当鼠标指针移动到某一图标上时，可以使用单击操作来选定该图标。用食指按下鼠标左键，然后快速释放，对象被单击后，通常显示为高亮形式。该操作主要用来选定目标对象、选取菜单等。

双击：用食指快速地连续按下鼠标左键两次，注意两次按下鼠标左键的间隔时间要短。该操作主要用来打开文件、文件夹、应用程序等。例如，双击"我的电脑"图标即可打开"我的电脑"窗口。

右击：单击鼠标右键，用中指按下鼠标右键并释放即可。该操作主要用来打开某些右键菜单或快捷菜单，如在桌面上空白处右击就可以打开快捷菜单。

选取：单击鼠标左键，并按住不放，这时移动鼠标会出现一个虚线框，最后释放鼠标左键。这样在该虚线框中的对象都会被选中。该操作主要用来选取多个连续的对象。

拖动：将鼠标移动到要拖动的对象上，按住鼠标左键不放，然后将该对象拖动到其他位置后再释放鼠标左键。该操作主要用来移动图标、窗口等。

任务三　汉字输入练习

汉字输入是读者都掌握的技能，但是大多数人汉字输入的速度都比较慢。要提高汉字输入的速度必须多多练习。

讨论：大家说说自己的汉字输入速度是每分钟多少字？

【实训目的】

1. 掌握汉字输入的方法。

2. 提高汉字输入的速度。

【实训准备】

1. 学生自己查看书籍或查询百度。

2. 教师在实训室准备好微型计算机和相关设备。

【实验步骤】

打开记事本，输入以下文字后举手，老师确定全班汉字输入速度榜。

链接

南丁格尔

弗洛伦斯·南丁格尔（Florence Nightingale，1820～1910年），世界著名护理专家，近代护理教育的创始人，护理学的奠基人。1851年在德国一所医院接受护理训练。她所撰写的《医院札记》和《护理札记》两书，以及100余篇论文，均被认为是护理教育和医院管理的重要文献。1860年在英国圣多马医院首创近代护理学校。她的教育思想和办学经验被欧美和亚洲国家所采用。

克里米亚战争时，她极力向英国军方争取在战地开设医院，为士兵提供医疗护理。她分析过堆积如山的军事档案，指出在克里米亚战役中，英军死亡的原因是在战场外感染疾病，及在战场上受伤后没有适当的护理而伤重致死，真正死在战场上的人反而不多。她甚至用了圆形图说明这些资料。南丁格尔于1854年10月21日和38位护士到克里米亚野战医院工作，成为该院的护士长，被称为"克里米亚的天使"，又称"提灯天使"。

由于南丁格尔的努力，让昔日地位低微的护士的社会地位与形象都大为提高，成为崇高的象征。"南丁格尔"也成为护士精神的代名词。她是世界上第一个真正的女护士，开创了护理事业。"5.12"国际护士节设立在南丁格尔的生日这一天，就是为了纪念这位近代护理事业的创始人。

第二章　Windows 7 操作系统

实训 3　Windows 7 操作入门

任务一　窗口的基本操作

当我们每运行一个程序或打开一个文档时，Windows 7 系统都会在桌面上打开一个窗口。

 案例设计

在一台计算机上可以同时做几件事情。例如，我们在一个窗口里聊天，在另外的窗口中还可以同时上网、听音乐或看电影。如果把每一个窗口里所做的事情称为"一个任务"，在同时打开多个窗口的时候，操作系统则同时执行了多个任务。下面我们来学习窗口的组成，并练习窗口的一些基本操作，其操作基本包括以下几种：最大化、最小化、恢复、关闭、拖动、自定义大小等。

讨论： Window 的中文意思就是"窗"或"窗口"，加 s 表示多个窗口的意思。用 Windows 来命名正是体现了这个操作系统多窗口多任务的管理方式。

链接

Windows 视窗效果避免了类似 DOS 操作系统这种单任务操作系统来回切换应用软件的情况，强化了可视化的效果，还提高了操作效率。

【实训目的】

1. 认识 Windows 7 窗口的组成。

2. 学习 Windows 窗口的基本操作。

【实训准备】

安装 Windows 7 操作系统的计算机及相关设备。

【实验步骤】

1. 窗口的移动　双击桌面上的"计算机"图标，打开"计算机"窗口，把鼠标指针移动到"计算机"窗口的标题栏，按住鼠标左键不放，同时拖动窗口到合适位置后释放鼠标左键，即可在桌面实现窗口的移动。

2. 改变窗口的大小　把鼠标指针移动到窗口的边缘部分，当鼠标指针变成垂直或水平方向的双向箭头时，按住鼠标左键拖动即可调整窗口的高度或者宽度；把鼠标指针移动到窗口的四个角上，当其变成倾斜的双向箭头时，可同时调整窗口的高度和宽度。

注意：已经最大化的窗口无法调整大小，必须先还原后才可以调整大小。

3. 窗口的最大化、最小化和还原　最大化：双击窗口的标题栏或者单击窗口标题栏中的最大化按钮 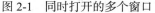 可实现窗口的最大化。

最小化：单击窗口标题栏中的最小化按钮 可以最小化窗口。

还原：双击窗口标题栏或者单击窗口标题栏中的向下还原图标 可以实现窗口的还原。

尝试进行以下操作。

（1）右击窗口的标题栏，从弹出的快捷菜单中分别选择"还原"、"最大化"和"最小化"等命令进行操作。

（2）单击任务栏最右侧的"显示桌面"按钮，将所有打开的窗口最小化；再次单击可还原所有窗口。

（3）单击已最大化的窗口的标题栏，并按住鼠标左键不放，向屏幕中央拖动窗口可恢复窗口原始大小；向屏幕顶部拖动窗口可以将窗口最大化。

（4）通过 Aero 晃动：在目标窗口上按住鼠标左键不放，然后左右晃动鼠标几次，其他窗口将被隐藏，只显示当前窗口。重复操作将恢复窗口布局。

4. 多窗口的切换　在同一个屏幕中可以同时打开多个窗口，但在这些窗口中只有一个是活动窗口，如图 2-1 所示。

尝试完成以下多个窗口的切换操作。

（1）直接单击想要切换的窗口。

（2）单击窗口在任务栏中的图标。

（3）通过 Alt+Tab 组合键进行切换。

（4）使用 Flip 3D：Win+Tab 键可使用 Flip 3D 切换窗口。

5. 多窗口的排列　Windows 提供了层叠显示、堆叠显示和并排显示 3 种排列窗口的方式，操作方法如下：右击任务栏空白处，在弹出的快捷菜单中选择"层叠窗口"、"堆叠显示窗口"或"并排显示窗口"命令之一，即可按照相应的方式排列多窗口，如图 2-2 所示。

图 2-1　同时打开的多个窗口

图 2-2　任务栏的快捷菜单

6. 窗口的关闭　可以通过以下几种方法来实现窗口的关闭。

方法 1：单击窗口标题栏中的"关闭"按钮。

方法 2：单击"文件"菜单中的"关闭"命令，如图 2-3 所示。

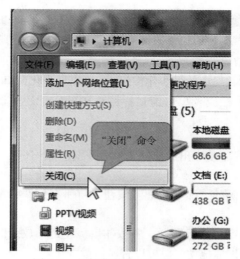

图 2-3 文件菜单的"关闭"命令

方法 3：选定当前窗口，然后按 Alt+F4 组合键。

方法 4：按 Ctrl+W 组合键。

方法 5：右击任务栏窗口图标，选择"关闭窗口"或"关闭所有窗口"命令。

方法 6：右击窗口标题栏，在弹出的快捷菜单中选择"关闭"命令，如图 2-4 所示。

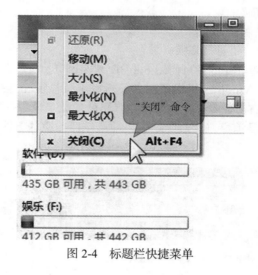

图 2-4 标题栏快捷菜单

【实训评价】

通过本实训任务，让学生掌握窗口的基本操作。

【注意事项】

Windows 7 虽然具有同时打开多个软件、多个窗口的功能，但并非同时打开的窗口越多越好。因为打开的软件或各种窗口都会占用系统资源，影响系统运行速度和操作效率。所以，应该养成随手关闭不再使用的软件或窗口的操作习惯。

【实训作业】

1.调整"计算机"窗口大小，直至出现滚动条，在该窗口中分别拖动滚动条、单（双）击滚动条，观察窗口的变化。

2. 分别单击"计算机"窗口菜单栏中的各个菜单，打开其下拉菜单，查看菜单命令。

任务二 菜单及图标的基本操作

菜单是一组相关联的命令的集合。Windows 中一般有控制菜单、系统命令菜单、快捷菜单和"开始"菜单等。

图标是计算机中具有明确指代含义的图形，其中的桌面图标是某种软件的标识，而界面中的图标则具有功能标识。

 案例设计

有人说："Windows 是用户的天堂，它充满了美丽的图标、画面和菜单。"如何对这些菜单和图标进行操作呢？

讨论：菜单和图标都是 Windows 的基本要素，它们使得 Windows 更易于操作，功能更强大，这两个要素一直贯穿于 Windows 家族的发展中。

【实训目的】
掌握菜单和图标的基本操作。

【实训准备】
安装 Windows 7 操作系统的计算机及相关设备。

【实验步骤】
（1）控制菜单处在窗口标题栏的最左边，专门用来控制窗口操作。打开"计算机"窗口，单击窗口标题栏的最左边，弹出控制菜单，如图 2-5 所示。

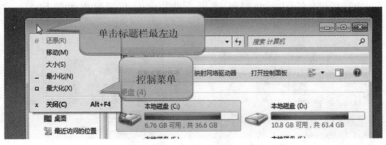

图 2-5 控制菜单

（2）系统命令菜单集合在应用程序窗口的菜单栏中，为该应用程序提供相关命令。打开 IE 浏览器，单击"文件"菜单，弹出系统命令菜单，如图 2-6 所示，选择"退出"命令，关闭 IE 浏览器。

（3）快捷菜单中集合了右击某对象时打开的该对象的常用命令。右击桌面空白处，弹出快捷菜单，如图 2-7 所示。选择"新建"子菜单中的"日记本文档"命令，即可在桌面建立一个新的日记本文档，如图 2-8 所示。右击刚新建的日记本文档，弹出快捷菜单，如图 2-9 所示，选择"删除"命令即可删除该文档。

图 2-6 系统命令菜单

图 2-7　快捷菜单

图 2-8　"新建"子菜单

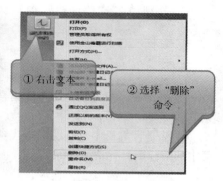
图 2-9　"删除"命令

（4）"开始"菜单在任务栏的左边，它集合了用户使用 Windows 的基本命令。

①单击"开始"菜单按钮，选择"控制面板"命令，打开"控制面板"窗口。

②右击"开始"菜单按钮，在弹出的快捷菜单中选择"属性"命令，选择"自定义"命令，自定义开始菜单。

a. 将"计算机"选项设置为"显示为菜单"，确定后观察"开始"菜单的变化。

b. 将"使用大图标"取消选中，确定后观察"开始"菜单的变化。

（5）图标的操作。

①图标的重命名。将鼠标指针移动到"计算机"图标上，右击，在弹出的快捷菜单中选择"重命名"命令，此时该图标名称框被反白显示，键入"我的电脑"，单击桌面空白处，完成重命名。

②快捷图标的建立。双击"我的电脑"图标，打开 C 盘，右击 Windows 文件夹打开其快捷菜单，如图 2-10 所示。单击"创建快捷方式"项，则在原图标附近立即出现一个新图标，如图 2-11 所示。用鼠标把新图标拖到桌面上，双击桌面上新建立的快捷图标可直接打开该文件夹。

图 2-10　创建图标的快捷方式　　　　图 2-11　图标的快捷方式

③快捷图标的删除。用鼠标将桌面上建立的 Windows 快捷图标拖到回收站，或在该图标处右击，在其快捷菜单中选择"删除"命令。

【实训评价】

通过本实训任务，使学生了解菜单和图标的种类、功能，以及熟练掌握基本操作方法。

【注意事项】

在删除图标的同时，按住 Shift 键，图标将不可恢复。

【实训作业】

1.练习使用鼠标和键盘两种操作方法打开 / 关闭"开始"菜单、下拉菜单、控制菜单、快捷菜单、级联菜单。

2.删除桌面上的图标，并将其还原至原来位置。

任务三 设置任务栏

任务栏通常位于 Windows 7 桌面底端，是切换窗口和查看系统状态的区域，主要由"开始"按钮、快速启动区域、窗口显示区域、通知栏区域等组成，用户可以根据需要对任务栏的状况作一些调整。

 案例设计

看着机房计算机的任务栏的位置、大小、外观都是一模一样，是否愿意让它更具有个性，更符合自己的使用习惯呢？

讨论：如何设置任务栏上的属性，如何在任务栏的快速启动区域添加 QQ，让自己的任务栏与众不同呢？

 链接

Windows 7 的任务栏更新了外观，加入了其他特性，一些人将其称为"超级任务栏"。默认情况下任务栏采用大图标，将鼠标指针停靠在窗口显示区域的程序图标上，就可以方便预览各个窗口内容，并进行窗口切换。Aero Peek 效果下，会让选定的窗口正常显示，其他窗口则变成透明的，只留下一个个半透明边框。"显示桌面"图标被移到了任务栏的最右边，操作起来更方便。鼠标指针停留在该图标上时，所有打开的窗口都会透明化，单击图标则会切换到桌面。

【实训目的】

1.掌握调整任务栏大小、移动任务栏的操作。

2.掌握在任务栏的快速启动区域添加和删除项目的方法。

3.掌握设置任务栏属性的方法。

【实训准备】

安装 Windows 7 操作系统的计算机，并安装 QQ 等常用的软件。

【实验步骤】

1.调整任务栏的大小 当任务栏处于非锁定状态时，可以将鼠标指针指向任务栏边缘，当鼠标指针变成上下方向的箭头形状时，拖动鼠标指针到合适位置后释放，可调整任务栏的大小，如图 2-12（调整前）和图 2-13（调整后）所示。

2.移动任务栏 任务栏并非只能处于桌面底部这个位置。当任务栏处于非锁定状态时，可以将鼠标指针指向"任务栏"窗口显示区域的空白处，拖动鼠标至桌面四周，可分别将其固定在桌面的顶部、左侧、右侧和底部。

图 2-12 任务栏调整大小前

图 2-13 任务栏调整大小后

图 2-14 快速启动区域

3. 在任务栏的快速启动区域添加和删除项目 直接将桌面上的 QQ 程序图标拖动到任务栏快速启动区域,可将 QQ 程序图标添加至任务栏的快速启动区域,如图 2-14 所示。直接单击该区域的 QQ 程序图标即可快速启动 QQ 程序,打开 QQ 登录窗口。右击该区域的 QQ 程序图标,从弹出的快捷菜单中选择"将此程序从任务栏解锁"命令,即可删除项目。

4. 设置任务栏属性 右击任务栏空白处,弹出快捷菜单,从中选择"属性"命令,打开"任务栏和「开始」菜单属性"对话框,如图 2-15 所示。

(1)在"任务栏"选项卡中将"自动隐藏任务栏"复选框选中,选择"应用"命令,观察设置后的效果。

(2)在"任务栏"选项卡中将"使用 Aero Peek 预览桌面"一项取消选中,单击"确定"按钮,观察设置后的效果。

【实训评价】

通过本实训任务,让学生能够加深对任务栏的了解,熟练掌握任务栏相关的操作。

【注意事项】

任务栏如果处于锁定状态,将无法对其进行调整大小、移动位置的操作,需右击空白处,在弹出的快捷菜单中取消选中"锁定任务栏"项,方可进行相应的操作。

图 2-15 "任务栏和「开始」菜单属性"对话框

【实训作业】

1. 把 Word、Excel、IE 浏览器 3 个应用程序快捷图标移动到任务栏的快速启动区域中。

2. 把任务栏设置成"使用小图标"的状态。

任务四 Windows 7 帮助系统使用

当遇到计算机方面的问题时,我们通常会选择通过百度等搜索引擎来搜索解决的方案。其实 Windows 7 本身自带了强大的"帮助和支持"工具。

 **案例设计**

我们在使用 Windows 7 的过程中,遇到一些计算机疑难问题或操作步骤不知所措的时候,在"帮助和支持"工具里面通常可以找到常见问题的解决方法。例如,可以通过朋友圈和 QQ 空间发布自己拍到的美图或视频,与他人共享。可如何将手机中的美图或视频导入到计算机中呢?

讨论:使用"帮助和支持"工具是否还需要连接互联网呢?

链接

按组合键 Win+F1，也可以打开"Windows 帮助和支持"窗口。

【实训目的】

了解获得帮助的途径。

【实训准备】

1.事先用手机拍摄一组自己喜欢的相片或视频。

2.Windows 7 系统"帮助和支持"。

3.手机数据线。

【实验步骤】

（1）单击"开始"菜单，在"开始"菜单中选择"帮助和支持"命令，便可以打开"帮助和支持"工具对话框，如图 2-16 和图 2-17 所示。

图 2-16 "帮助和支持"命令　　　图 2-17 "帮助和支持"工具对话框

在窗口的最上方显示"后退"按钮、"前进"按钮、"帮助和支持主页"按钮、"打印"按钮、"浏览"帮助按钮、"询问"按钮、"选项"按钮。

（2）在"搜索帮助"框中输入"图片"两个字，然后按回车键，系统将会为我们检索出相关信息供我们选择使用，如图 2-18 所示。

（3）单击"更改设置以便导入图片"链接，出现"更改设置以便导入图片"的操作方法，如图 2-19 所示。按窗口所列出的操作步骤进行操作即可将手机中拍摄的相片或者视频导入计算机中。

【实训评价】

通过本实训任务，让学生了解获得帮助的途径，以便在操作遇到困难时，能够通过"帮助和支持"工具自己找到解决的方法。

【注意事项】

"帮助和支持"工具并非只存在于 Windows 7 操作系统，在很多应用软件中，我们通过按 F1 键都可以找到帮助信息。

①输入"图片"两个字后按回车键

②选择"更改设置以便导入图片"选项

检索出的相关信息

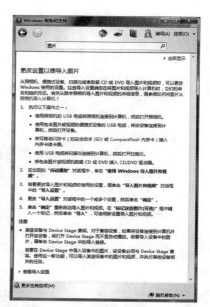

图 2-18　"搜索帮助"中的信息检索　　　图 2-19　"更改设置以便导入图片"窗口

【实训作业】

1. 打开 Word 2010 软件，按 F1 键打开"Word 帮助"窗口并进行观察。

2. 按组合键 Win+F1，打开"Windows 帮助和支持"窗口，浏览"计算机的组成部分"。

实训 4　文件管理

任务一　文件及文件夹的基本操作

　　文件是在计算机上存储的信息集合。文件可以是文本文档、图片、程序等。文件名通常由文件主名和文件扩展名构成，扩展名用于表示文件类型。为了便于管理大量的文件，Windows 系统使用文件夹组织和管理文件。

　案例设计

　　我们日常生活中，个人的东西都有分类摆放的习惯，这样我们可以方便快捷地找到自己所需要的东西。在计算机中也存放着大量的文件，我们又如何对它们进行分类存放呢？

　　讨论：每个人都有自己最喜欢的文件组织和归档的方法，请不要将建立的新文件或下载的文件随意存放。掌握文件及文件夹的基本操作，并养成文件组织和归档的良好习惯，可保持计算机文件夹目录结构清爽。

　　链接

　　文件有很多种，运行的方式也各有不同。一般来说，我们可以通过文件的扩展名来识别这个文件是哪种类型，特定的文件都会有特定的图标（就是显示这个文件的样子），也只有安装了相应的软件，才能正确显示这个文件的图标。

【实训目的】

1. 了解"资源管理器"窗口的启动方法和操作界面。

2. 掌握文件命名规则。

3. 学习文件和文件夹的建立、选择、重命名、移动、复制、粘贴、删除及恢复等操作。

4. 学会查看、设置文件和文件夹的属性。

5. 了解查看文件和文件夹的形式。

【实训准备】

准备部分图片和音乐文件保存在 D 盘中。

【实验步骤】

1. 使用资源管理器

（1）启动资源管理器，如图 2-20 所示。

方法 1：执行"开始"→"所有程序"→"附件"→"Windows 资源管理器"命令，即可打开"资源管理器"窗口。

方法 2：右击"开始"菜单，在弹出的快捷菜单中选择"打开 Windows 资源管理器"命令即可打开"资源管理器"窗口。

（2）设置"资源管理器"的布局。

Windows 7 在资源管理器界面设有菜单栏、细节窗格、预览窗格、导航窗格等。单击窗口中"组织"按钮旁的下拉按钮，在显示的菜单中选择"布局"中需要的窗体，如选择"菜单栏"选项，即可在窗口中显示菜单栏，如图 2-21 所示。

图 2-20　"资源管理器"窗口　　　　图 2-21　设置"资源管理器"显示"菜单栏"

2. 文件、文件夹的基本操作

1）新建文件夹

步骤 1：在 D 盘下新建一个文件夹，以自己的学号命名（如 012345），作为自己今后保存文件的地方。操作步骤如图 2-22 所示。

步骤 2：按步骤 1 的方法，在 D 盘中分别建立名为"相片"、"音乐"、"Word 文档"、"Excel 文档"的四个文件夹，如图 2-23 所示。

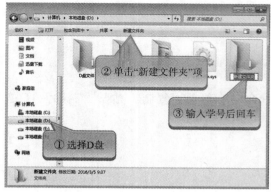

图 2-22　新建文件夹

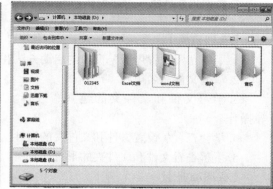

图 2-23　新建立的文件夹

2）新建文件

在"Word 文档"文件夹中新建一个空白 Word 文档，操作步骤如图 2-24 所示，用同样的方法在 Excel 文档中新建一个空白 Excel 文档。

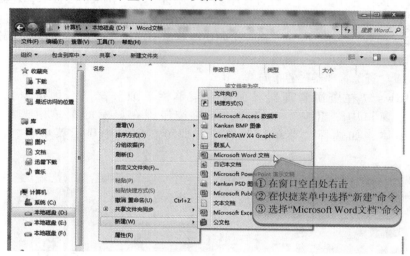

图 2-24　新建 Word 文件

3）重命名文件

将"Word 文档"文件夹中的"新建 Microsoft Word 文档"文件重命名为"Word 作业"，操作步骤如图 2-25 所示。用同样的方法重命名"Excel 文档"文件夹中的 Excel 文件为"Excel 作业"。

4）文件和文件夹的移动、复制和粘贴

（1）选择 D 盘预先准备好的音乐文件，然后选择"编辑"→"剪切"命令；打开"音乐"文件夹，选择"编辑"→"粘贴"命令。这样就将 D 盘中的音乐文件移到了"音乐"文件夹中。

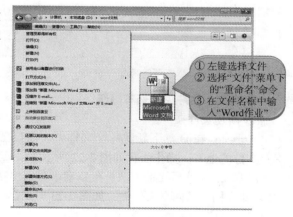

图 2-25　重命名文件

（2）选中 D 盘中预先准备好的图片文件，然后选择"编辑"→"复制"命令；打开"相片"文件夹，然后选择"编辑"→"粘贴"命令。这样就将 D 盘中的图片文件移到了"相片"文件夹中。

（3）使用与（1）同样的方法将"相片"、"音乐"、"Word 文档"、"Excel 文档"四个文件夹移动到以自己学号命名的文件中。

5）文件和文件夹的删除、恢复

（1）选中 D 盘中预先准备的图片文件，按 Del 键，或选择"文件"→"删除"命令，出现"确认删除"对话框，如图 2-26 所示，单击"是"按钮即可删除文件。用同样的方法可删除不需要的文件夹。

图 2-26　"确认删除"对话框

（2）打开"回收站"，选中想要恢复的文件或文件夹，再选择"文件"→"还原"命令即可恢复被删除的文件或文件夹。

6）查看、设置文件和文件夹的属性

（1）查看文件和文件夹的属性。

方法 1：右击需要查看属性的文件或文件夹，从弹出的快捷菜单中选择"属性"命令即可打开"属性"对话框。

方法 2：选择需要查看属性的文件或文件夹，再选择"文件"→"属性"命令即可打开"属性"对话框。

方法 3：按住 Alt 键，同时双击需要查看属性的文件或文件夹即可打开"属性"对话框。

（2）设置文件和文件夹的属性。

打开"Word 作业属性"对话框，选中"隐藏"选项，如图 2-27 所示，单击"确定"按钮，观察图标的变化。

选择"工具"→"文件夹选项"命令，弹出"文件夹选项"对话框，如图 2-28 所示。选择"查看"选项卡，再选择"不显示隐藏的文件、文件夹或驱动器"，单击"确定"按钮后，观察图标的变化。欲让刚才消失的图标再次显示，只需要在"查看"选择卡中选择"显示隐藏的文件、文件夹和驱动器"选项即可。

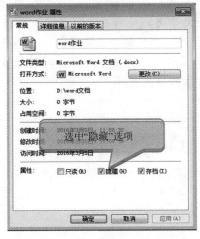 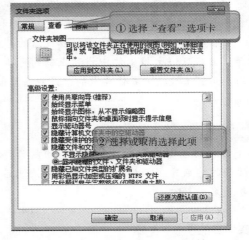

图 2-27　"Word 作业属性"对话框　　　图 2-28　"文件夹选项"对话框

7）更改文件查看方式

打开 D 盘，将文件查看方式由"平铺"更改为"大图标"，操作步骤如图 2-29

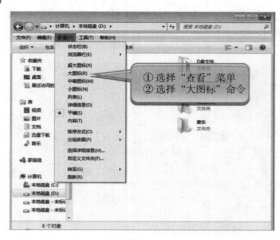

① 选择"查看"菜单
② 选择"大图标"命令

图 2-29　更改文件查看方式

所示，观察变化。

【实训评价】

通过本实训任务，让学生能够加深对文件和文件夹的了解，并了解文件和文件夹的命名规则，掌握文件和文件夹的建立、选择、重命名、移动、复制、粘贴、删除及恢复等操作。

【注意事项】

在"计算机"窗口下不能够新建文件和文件夹。

命名文件或文件夹的时候，不宜使用超长文件（夹）名。

对"回收站"内的文件再次进行删除，文件将彻底被删除，无法恢复。

【实训作业】

1. 在给文件和文件夹命名的时候，使用 /、\、*、? 等符号，按回车键，看是否能命名成功。

2. 用快捷菜单或组合键的方法，反复练习移动、复制、粘贴等操作直到熟练。

任务二　创建程序的快捷方式

我们使用一些软件的时候，在桌面上发现并没有这个软件的快捷方式，尤其是一些绿色软件，桌面更不会有软件的快捷方式，这样我们使用软件的时候可能很不方便，所以需要在桌面上建立程序的快捷方式。

 案例设计

如果一个我们常用的 QQ 程序的快捷方式被误删除且不可恢复，应该如何创建它的快捷方式呢？下面介绍创建快捷方式的方法。

讨论：快捷方式对经常使用的程序、文件和文件夹非常有用。想想没有快捷方式的 Windows 吧。我们要根据记忆，在众多目录的"包围"下找到自己需要的目录，再一层一层地打开，最后从一大堆文件中找到正确的可执行文件双击启动。这么烦琐的操作不易记忆和使用，而有了快捷方式你要做的只是双击桌面上的快捷图标。

链接

很多图标的左下角都有一个非常小的箭头，这个箭头就是用来表明该图标是一个快捷方式的。快捷方式是 Windows 提供的一种快速启动程序、打开文件或文件夹的方法，快捷方式的扩展名为 lnk。

【实训目的】

掌握创建快捷方式的方法。

【实训准备】

1. 安装好 QQ 软件，并删除其自动在桌面创建的快捷方式。

2. 删除 Word、Excel、PowerPoint 在桌面上的快捷方式。

【实验步骤】

1. 利用在"开始"菜单中显示的程序创建快捷方式　单击打开"开始"菜单，如图 2-30 所示。在"开始"菜单的"所有程序"选项中找到 QQ 程序，然后在程序上右击，选择"发送到"→"桌面快捷方式"命令。

2. 在桌面上创建快捷方式　在桌面的空白处右击，在弹出的快捷菜单中选择"新建"→"快捷方式"命令，如图 2-31 所示。然后单击"浏览"按钮，在计算机上找到 QQ 程序图标，依次单击"确定"、"下一步"、"完成"按钮即可，如图 2-32 所示。

图 2-30　利用"开始"菜单创建快捷方式

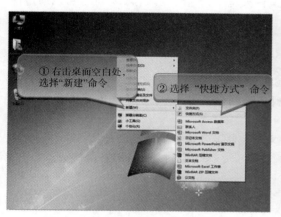

图 2-31　在桌面上创建快捷方式（1）

图 2-32　在桌面上创建快捷方式（2）

3. 直接利用程序图标创建快捷方式　找到 QQ 程序图标所在的文件夹，在 QQ 程序图标上面直接右击，选择"发送到"→"桌面快捷方式"命令即可，如图 2-33 所示。

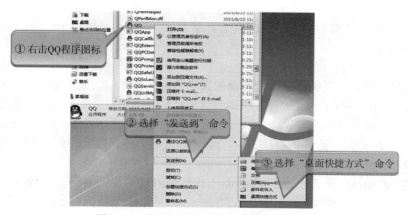

图 2-33　直接利用程序图标创建快捷方式

【实训评价】

通过本实训任务，让学生熟练掌握创建快捷方式的几种方法。

【注意事项】

当程序被删除后，光有一个快捷方式就会毫无用处。将自己桌面上的快捷方式复制到别人的计算机上，一般无法正常使用。

【实训作业】

1. 为任务一"文件及文件夹的基本操作"中以自己学号命名的文件夹在桌面上创建一个快捷方式。

2. 分别为 Word、Excel、PowerPoint 三个软件在桌面上创建快捷方式。

任务三　搜索文件和文件夹

在日常的生活和工作中用计算机时间久了，会在计算机中存放很多文件资料，有时我们忘记了要使用的文件存在哪个磁盘分区或文件夹里了，这时应该怎么办呢？可以通过搜索功能来解决。

 案例设计

大家平日里上网的时候，很多人会使用 IE 浏览器浏览网页，可桌面和"开始"菜单中的浏览器图标真正的身份都是 IE 浏览器的快捷方式，它所处的真正位置在哪里呢？

讨论：搜索可以查找和调用任何格式的文件，包括系统自带或已经安装程序的快捷方式，甚至包括 Outlook 中的邮件。

【实训目的】

掌握搜索文件和文件夹的方法。

【实训准备】

1. IE 浏览器。

2. Windows 搜索程序。

 链接

通过键盘上的 F3 键或者是 Win+F 键打开搜索框，也可实现搜索功能。

【实验步骤】

1. 通过从"开始"菜单搜索 IE 浏览器的真实位置　单击"开始"菜单，在底部出现的搜索框中输入"Internet Explorer"，就会即时出现搜索结果，如图 2-34 所示。右击搜索结果中的程序图标，从弹出的快捷菜单中选择"属性"命令，则弹出"Internet Explorer 属性"对话框，可直接从"目标"框中或单击"打开文件位置"按钮后，看到 IE 浏览器所处的真实位置，如图 2-35 所示。

2. 通过 Windows 资源管理器搜索 Internet Explorer 文件夹　打开资源管理器，先选择搜索范围，在窗口右上侧的搜索框中输入"Internet Explorer"就可以看到搜索结果，如图 2-36 所示。

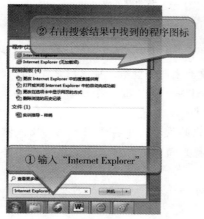

图 2-34　从"开始"菜单搜索　　　图 2-35　"Internet Explorer 属性"
对话框搜索

图 2-36　通过 Windows 资源管理器搜索 Internet Explorer 文件夹

【实训评价】

通过本实训任务，让学生熟练掌握如何通过不同的方法搜索计算机中自己想要找到的文件或文件夹。

【注意事项】

Windows 7 提供了查找文件和文件夹的多种方法。搜索方法无所谓最佳与否，在不同的情况下可以使用不同的方法。

【实训作业】

1. 在 C 盘中搜索名称为"Windows"的文件夹和文件。

2. 在 C 盘中搜索以 T 开头的所有 EXE 文件。

3. 在 C 盘中搜索文件名中最后一个字符为 d 的所有 .TXT 文件。

实训 5　环境设置和设备管理

任务一　个性化桌面

Windows 7 的桌面背景功能相比 Windows XP 有了很大的提升，有更多的功能供用户选择，现在我们就来看看它有什么改变。

 案例设计

Windows 7 的世界里，有着变幻多样的桌面主题和壁纸，可依用户要求改变，难道你甘心让自己的 Windows 7 桌面看上去和别人的一模一样吗？追求个性的我们是不是可以做点什么？

讨论：Windows 7 桌面主题有了更人性化的设计，不再使用单调的图片做壁纸，可以实现自动变换桌面风格。Windows 7 自动更换桌面背景无须安装壁纸更换工具，而且可以实现多张壁纸以幻灯片放映的形式自动更换。

链接

Windows 7 操作系统提供了更加丰富的主题设计，用户不仅可以下载网上的 Windows 7 主题，也能制作属于自己的个性化主题。

【实训目的】
1. 加深对桌面主题、壁纸的认知。
2. 学习设置个性化桌面的方法。

【实训准备】
1. 学生准备一组自己喜欢的图片。
2. 学生机上配备音箱或耳机。

【实验步骤】

1. 更换桌面主题 右击桌面的空白处，在弹出的快捷菜单中选择"个性化"命令，将弹出"个性化"窗口，如图 2-37 所示。选择"Aero 主题"中的"中国"选项。单击"桌面背景"图标，出现"桌面背景"窗口，如图 2-38 所示。将"图片位置"设置为"平铺"，调整"更改图片时间间隔"为"10 秒"，单击"保存修改"按钮，回到桌面，观察桌面的变化。

如果您不喜欢 Windows 7 提供的图片，可在图 2-38 中的"图片位置"后，单击"浏览"按钮，找到自己存放图片的位置，将自己喜欢的图片设置成为桌面主题或者壁纸。

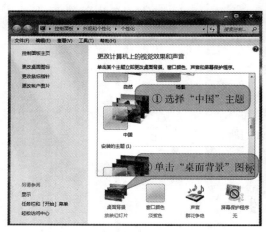

图 2-37 "个性化"窗口

图 2-38 "桌面背景"窗口

2. 更换系统声音 在图 2-37 所示界面中,单击"声音"图标,出现"声音"对话框,如图 2-39 所示。将"声音方案"调整为"书法",在"程序事件"列表框中选择"登录"选项,单击"测试"按钮,试听系统声音的变化;采用同样的方法再次将"声音方案"调整为"风景",试听系统声音的变化。选取自己喜欢的声音单击"确定"按钮即可。

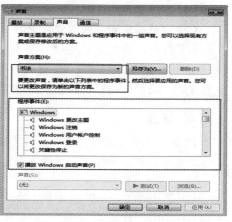

图 2-39 "声音"对话框

【实训评价】

通过本实训任务,让学生能够加深对桌面主题的了解,熟练掌握调整个性化主题方案或桌面背景的方法。

【注意事项】

Aero 特效表达一种真实、立体、令人震撼、透视效果的开阔体验。导致 Aero 特效不显示的原因可能有很多种,如 Windows 7 版本不支持、计算机显卡不支持,甚至显卡驱动没装好都有可能导致 Aero 无法开启。

【实训作业】

1. 将自己准备的一组图片更换成为桌面主题。

2. 单击图 2-37 界面中的"窗口颜色"图标,对窗口的外观进行设置,并观察效果。

任务二 显示管理和用户管理

通过计算机屏幕的显示设置,我们可以更加舒服地使用计算机;一台计算机有多个人使用的时候还可以设置不同的用户身份。

案例一:显示管理。面对着正在使用的屏幕,如何设置可以让它看起来显示得更符合用户的视觉习惯呢?

案例二:用户管理。实验室的计算机并非某一个学生的专属,如何设置一个专属于自己的登录界面呢?

讨论: 设置不同的账户主要是为了对计算机不同的使用者的权限进行约束,以方便计算机的维护。一台公共计算机有多个人共同使用,如果人人都拥有修改、配置系统的权限,人人都按照自己的喜好安装程序、删除程序,那么可以想到这台计算机将陷入混乱并最终崩溃。我们可以利用用户组管理功能,由主管责任人掌握管理员账户,其他人只分配给标准用户或来宾用户,这样其他人就只能在自己的权限范围内使用计算机。

【实训目的】

1. 掌握屏幕显示分辨率、文本大小调整的方法。

2. 掌握新建、删除用户的方法。

【实训准备】

安装 Windows 7 操作系统的计算机。

【实验步骤】

1. 设置分辨率和自定义文本大小

(1) 右击桌面的空白处，在弹出的快捷菜单中选择"屏幕分辨率"选项，弹出"屏幕分辨率"窗口，如图 2-40 所示。单击"分辨率"下拉菜单，选择不同的分辨率后单击"应用"按钮，观察屏幕变化，选择自己视觉习惯的分辨率设置后单击"确定"按钮。

链接

设置分辨率失败后，请不要进行任何操作，10 秒钟后会自动返回设置前状态，但是如果设置失败，你依然保留了设置，那么可能要借一个显示器来重新设置了。

(2) 单击图 2-40 界面中的"放大或缩小文本和其他项目"链接，在弹出的"显示"窗口中单击"设置自定义文本大小 (DPI)"链接，并在"自定义 DPI 设置"的下拉菜单中选择百分比为 200%，如图 2-41 所示。单击"确定"按钮后观察屏幕变化。

图 2-40　"屏幕分辨率"窗口

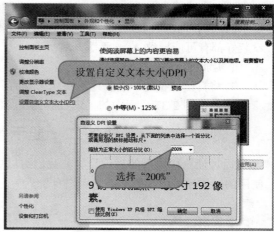

图 2-41　"显示"窗口

2. 新建、删除用户

1) 新建用户

打开"控制面板"窗口，选择"用户账户和家庭安全"项，如图 2-42 所示。在"用户账户和家庭安全"窗口中单击"添加或删除用户账户"链接，如图 2-43 所示。弹出"管理账户"窗口，如图 2-44 所示。

图 2-42　"控制面板"窗口

图 2-43　"用户账户和家庭安全"窗口

单击"创建一个新账户"链接，弹出"创建新账户"窗口，如图 2-45 所示，在新账户名中输入"*1"（*为本人名字），单击"创建账户"按钮即可添加一个新用户账户。采用同样方法再创建另一新用户"*2"。

单击"开始"菜单，选择"关机"扩展按钮选项，在弹出的菜单中选择"切换用户"选项，如图 2-46 所示，将弹出选择登录用户的界面，并可自由地切换到不同的用户界面，而在不同用户界面所进行的操作是相对独立的，不会互相干扰。

图 2-44　"管理账户"窗口

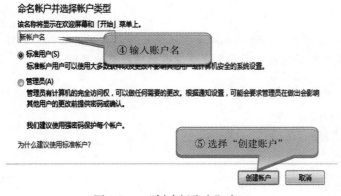

图 2-45　"创建新账户"窗口

图 2-46　选择"切换用户"选项

链接

管理员是具有最高权限的用户，任何文件都可以查看、修改、删除。标准用户具有中等权限，仅能对自己的文件进行操作。来宾用户的权限最低，仅能使用基本的功能。

2）删除用户

从图 2-42 的窗口中选择想要删除的用户，选择"删除账户"命令并按提示逐步操作即可。

【实训评价】

通过本实训任务，让学生掌握显示器分辨率设置的相关方法；对计算机系统的用户有了一个基本的认识，并掌握新建、删除用户的方法。

【注意事项】

有的第三方软件可以用来强制使用某些分辨率，但是这样会让显示器长期工作在非正常状态，尽量不要使用。

用户可对自己的账户设置密码，增加该账户对于自己的"专属性"，别人在不知道密码的情况下，将无法登录您的账户。

【实训作业】

1.对自己设置的新用户进行改名操作，并设置密码。

2. 单击图 2-40 窗口中的"高级设置"链接，尝试设置更多的分辨率。

任务三　软件和硬件管理

在计算机技术的发展过程中，计算机软件随硬件技术的迅速发展而发展，反过来，软件的不断发展与完善又促进了硬件的新发展，两者形成了一个相互联系、协同工作的局面。

 案例设计

计算机在使用的过程中，出现了自己不喜欢、不需要或者是损坏而无法正常使用的软件，我们如何通过 Windows 7 系统本身卸载这些软件呢？

我们要为自己选购一台计算机，却又不能完全听信商家所说的硬件配置信息，如何查看硬件配置信息？又如何安装打印机？这是计算机初学者要掌握的知识。

讨论： 现在自己所安装的 QQ 软件已无法正常使用，我们要把它卸载掉，有几种方法？

有很多软件可以帮助我们查看硬件配置信息，但通过 Windows 7 简单的操作，我们也可以初步了解到一台计算机的硬件配置信息。

链接

随着计算机技术的发展，在许多情况下，计算机的某些功能既可以由硬件实现，也可以由软件来实现。因此，硬件与软件的功能在一定意义上说没有绝对严格的界限。

【实训目的】

1. 掌握 Windows 7 卸载软件的方法。
2. 掌握查看计算机硬件配置信息的方法。
3. 掌握安装打印机的方法。

【实训准备】

1. 安装 Windows 7 的计算机。
2. QQ 软件。
3. 打印机。

【实验步骤】

1. 卸载 QQ 软件　　打开控制面板，选择"程序"选项，如图 2-47 所示。在弹出的窗口中选择"卸载程序"命令，如图 2-48 所示。

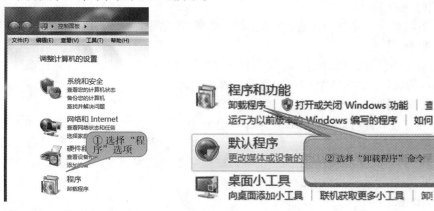

图 2-47　"控制面板"窗口　　　　　　图 2-48　"程序"窗口

如图 2-49 所示，在弹出的"卸载或更改程序"窗口中选择 QQ 软件，单击"卸载"按钮，在弹出的"程序和功能"对话框中单击"是"按钮，即可完成对 QQ 软件的卸载。

2. 查看计算机硬件配置信息

方法 1：右击"计算机"图标，在弹出的快捷菜单中选择"管理"→"设备管理器"命令，出现"设备管理器"窗口，如图 2-50 所示。单击各设备前面的小三角符号即可查看各设备的型号。

方法 2：右击"计算机"图标，在弹出的快捷菜单中选择"属性"命令，弹出图 2-51 所示的"系统"窗口，可以看到计算机的系统属性和设备管理器。

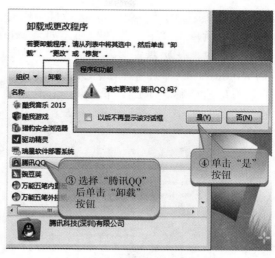

图 2-49　"卸载或更改程序"窗口

图 2-50　"设备管理器"窗口

图 2-51　"系统"窗口

3. 安装打印机

步骤 1：首先单击屏幕左下角的 Windows 开始按钮，选择"设备和打印机"命令进入设置页面。弹出"设备和打印机"对话框（也可以通过"控制面板"→"硬件和声音"→"设备和打印机"进入），如图 2-52 所示。单击"添加打印机"按钮，选择"添加本地打印机"项后单击"下一步"按钮。弹出"选择打印机端口"对话框，如图 2-53 所示，选择本地打印机端口类型后单击"下一步"按钮。

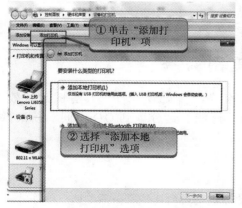

图 2-52　"设备和打印机"对话框

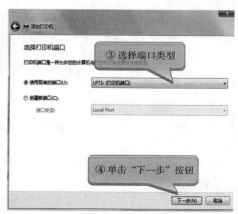

图 2-53　"选择打印机端口"对话框

步骤2：如图2-54所示，选择打印机的"厂商"和"打印机类型"进行驱动加载，选择完成后单击"下一步"按钮（如果 Windows 7 系统在列表中没有要选择打印机的类型，可以"从磁盘安装"添加打印机驱动。或单击"Windows Update"项，然后等待 Windows 7 联网，检查其他驱动程序）。在图2-55的"键入打印机名称"对话框中输入打印机名称，单击"下一步"按钮后再进行打印机的共享设置，即可完成打印机的安装。

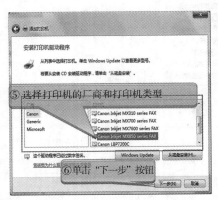 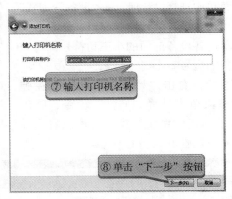

图 2-54 设置"厂商"和"打印机类型"   图 2-55   "键入打印机名称"对话框

【实训评价】

通过本实训任务，让学生掌握 Windows 7 卸载软件的相关方法；掌握查看计算机硬件配置信息的方法；掌握安装打印机的方法。

【注意事项】

当设备管理器中有硬件设备显示了红色叉号时，说明该设备已被停用，被停用可能是人为禁用了该设备，如果该硬件设备使用频率比较小，则可以忽略红色叉号。如果想重新启用该设备，右击该设备选择"启用"命令即可。

如果看到某个设备前显示了黄色的问号或感叹号，前者表示该硬件未能被操作系统所识别；后者指该硬件未安装驱动程序或驱动程序安装不正确，需通过正确安装驱动程序解决。

【实训作业】

1. 为 Windows 7 添加"Internet 信息服务"功能。

2. 从 Windows 7 删除"红心大战"游戏。

实训 6   常用工具软件简介

任务一   美图秀秀

美图秀秀是由美图网研发推出的一款免费图片处理软件，具有图片特效、美容、拼图、场景、边框、饰品等强大功能，还能一键分享到 QQ 空间、新浪微博、人人网。

案例设计

各种证件、招聘会、简历、投稿等许多地方都要用到证件照，不过很多单位对证件照的背景色要求不尽相同，难道每次都要再去重拍一组吗？其实不用着急，找来一张自己正面的生活照，就可以在"美图秀秀"中把它改造成证件照。

讨论：我们拍生活照的时候，人物背后往往有着较复杂的背景，如何把人物从复杂的背景中"抠"出来，这个看似复杂的抠图操作是不是让你犯难。而美图秀秀这款优秀的图片处理软件具有强大的抠图功能，可以让我们事半功倍。

📚 **链接**

大众化的图片处理软件，除了美图秀秀，还有光影魔术手和可牛影像，百度有百度魔图、腾讯有 QQ 影像……

【实训目的】
学习使用美图秀秀软件自主修改、保存图片、对相片进行处理和美化。

【实训准备】
1. 美图秀秀 4.0.1 PC 版，并下载有证件照的服装饰品。
2. 自备一张正面生活照或通过摄像头自拍一张相片存于学生机。

【实验步骤】
（1）打开美图秀秀软件，如图 2-56 所示。打开一张待处理的正面照（这里以软件提供的图为例）。
（2）执行"饰品"→"静态饰品"→"证件照"命令，选择一套证件照"服装"，单击使用，如图 2-57 所示。拖动"服装"蓝色的边框或通过"素材编辑框"进行服装大小和角度的调整，直至与人物衔接好，要注意脖子的贴合效果及人像和衣服的比例。

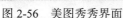

图 2-56　美图秀秀界面

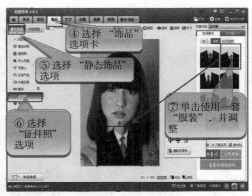

图 2-57　"饰品"选项卡

（3）选择左上角的"美化"→"抠图笔"→"自动抠图"命令，如图 2-58 所示。
（4）用"抠图笔"画出想要抠图的位置，为保证准确性，可多画几笔。如果选择区域有我们不需要的部分，则用"删除笔"画出不需要的部分，如图 2-59 所示，绿色笔画代表想要抠出的区域，红色笔画代表不需要的区域，达到满意效果后单击"完成抠图"按钮。

图 2-58　"美化"选项卡

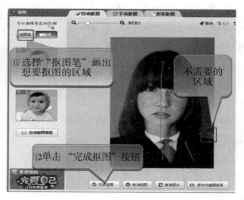

图 2-59　"自动抠图"窗口

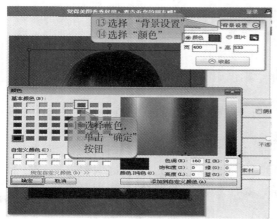

图 2-60　"背景设置"窗口

（5）抠好图后，跳转到换背景的界面，执行"背景设置"→"颜色"命令，设置纯色背景后，单击"确定"按钮，在新窗口中再次单击"确定"按钮，如图 2-60 所示。

（6）如图 2-61 所示，切换至"剪裁"窗口，选择"1 寸证件照"，勾选"锁定剪裁尺寸"复选框，拖拽选框调节剪裁区域。效果满意后，单击"完成剪裁"按钮。

（7）如图 2-62 所示，单击右上角的"保存与分享"按钮，将图片保存在计算机里，至此证件照制作完成。

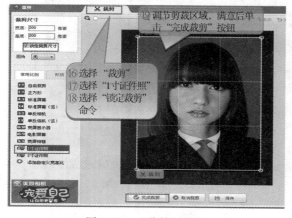

图 2-61　"裁剪"窗口

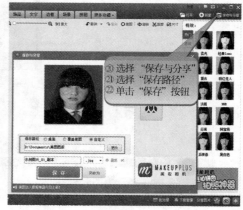

图 2-62　"保存与分享"窗口

链接

除图片外，我们还可以对音频以及视频进行编辑处理。其中常用的音频处理软件有 Adobe Audition、Cool Edit Pro、音频编辑专家等；常用的视频编辑软件有视频编辑专家、爱剪辑、会声会影、Movie Maker 等。

【实训评价】

通过学习美图秀秀，使读者可以轻松自如地修改图片，添加效果，人像美容，可以按照自己的需要处理图片。

【注意事项】

当进行到步骤（5），将背景色设置好后，你还可以使用"美容"工具对相片进行适当的美容，如磨皮。

【实训作业】

1. 利用自己准备的一张生活照，为自己制作一张证件照。

2. 对自己准备的生活照进行"背景虚化"的处理，并使用"复古"特效。

任务二 数码大师

电子相册的制作对于很多人来说都已经不再陌生，琳琅满目的电子相册制作软件让人难以选择。数码大师这款软件简单易学，相对于其他软件来说，它实现了炫目效果和简单操作步骤的完美结合。

每一年的栀子花开，是每一年的毕业季。毕业前要做的十件事，你做了几件？是否想过为在校经历的青春岁月留影？是否为这校园、这师生情、这些小伙伴制作一个珍贵的电子毕业纪念册，将曾经激扬文字、挥斥方遒的时光定格成永恒的影像，镌刻在终将流逝的岁月里？数码大师可以帮助我们实现。

讨论：数码大师能轻松添加照片，但我们还想加入视频片段该怎么办呢？软件支持制作本机相册、锁屏相册、礼品包相册、视频相册、网页相册五大相册，我们可以随心所欲地制作所需的相册类型。

链接

数码大师可以在您制作好的本机电子相册基础上，通过简单的打包设置，自动生成可分发的礼品包相册，可以作为自己收藏分类相片之用，您更可以作为礼物方便地分发出去，对方无须安装，即可让亲朋好友共享观赏您的得意之作。

【实训目的】

1. 了解数码大师的常用功能。

2. 利用数码大师软件制作电子相册。

【实训准备】

1. 准备一组音频和视频文件。

2. 安装数码大师 2013。

【实验步骤】

打造动感 MTV 电子相册的步骤如下。

（1）导入相片。打开数码大师 2013 软件窗口，选择"本机相册"→"相片文件"将相片导入相册内，如图 2-63 所示。

图 2-63 数码大师 2013"本机相册"窗口

（2）为相片添加名字、文字注释、旁白。如图 2-63 所示，单击"修改名字 / 注释 / 旁白"
按钮能够为每张相片添加名字、注释、旁白，如果相片数量多，还可以按住 Ctrl 键选中多
张相片进行批量修改。

（3）为相片添加转场特效。单击"相片特效"图标，如图 2-64 所示，选择喜欢的一种
转场效果。

"应用特效到指定相片"按钮：我们可以通过这个功能给每张相片添加指定的特效。
单击该按钮，跳出新窗口，如图 2-64 和图 2-65 所示。选定图片，选择特效后，单击"应用
特效到该相片"按钮。

图 2-64 "相片特效"窗口

图 2-65 "对指定相片添加效果"窗口

（4）为相册添加背景音乐。如图 2-66 所示，单击"背景音乐"图标，之后单击"添加
媒体文件"按钮，导入音频文件，即可完成背景音乐的添加。

如果您想将歌词同步到相册中，还可以选择预先准备好的 LRC 歌词文件（可自制或从
网上下载）导入，即可制作出 MTV 字幕的效果。

（5）为相册添加相框。如图 2-67 所示，单击"相框"图标，在窗口右侧挑选相框。

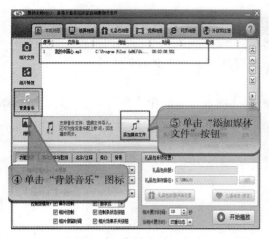

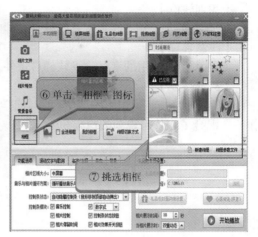

<table>
<tr><td>图 2-66　"背景音乐"窗口</td><td>图 2-67　"相框"窗口</td></tr>
</table>

　　"我的相框"功能：能够灵活地对自己的相框顺序进行编排，还可从网上下载更多的相框资源。

　　"相框切换方式"功能：可以根据自己的喜好选择相框切换方式。

　　（6）为相册添加动感场景。如图 2-68 所示，根据自己的需要设置场景效果。

　　（7）展示相册效果。完成以上设置步骤后，单击"开始播放"按钮，即可让相册在计算机上动感展现出来。

　　如果想将你的作品与他人分享，则选择"礼品包相册"选项，导出一个精美的礼品包，将礼品包发送给他人即可。

图 2-68　设置动感场景对话框

　　如果你想制作视频相册，则选择"视频相册"选项，即可导出清晰流畅的视频相册。数码大师支持导出的文件格式有 AVI、DVD、VCD、SVCD 等。

【实训评价】

通过本实训任务，让学生掌握数码大师电子相册制作软件的基础操作。

【注意事项】

数码大师所使用的素材除了软件自带外，还可从网上下载更多素材。

【实训作业】

利用平日里自己使用手机拍摄的与同学一起生活、学习的相片和视频，为自己班级制作一个混合了相片与视频的视频相册。

第三章 文字处理软件 Word 2010

实训 7　Word 2010 基本操作

任务一　文档的创建与保存

作为 Office 套件的核心程序，Word 提供了许多易于使用的文档创建工具，如基于模板的文档、博客文章、书法字帖等。但现实中我们大都新建一个普通的空白文档，然后自由设计。

 案例设计

学生小张刚进入医院实习，她的带教老师让她将"护士语言规范"用 Word 编辑好并打印出来发给其他刚来实习的学生。下面我们一起来完成带教老师的任务。

讨论：使用 Word 编辑文本的首要任务是新建一个空白文档，新建空白文档的方法很多，其中使用最多的是打开 Word 软件后自动生成一个空白文档。所以我们要学会怎么找到 Word 软件并打开。

链接

如果已经打开了一个 Word 文档，直接按 Ctrl+N 快捷键，或者单击快速访问工具栏里的 按钮可以重新打开一个新的空白文档。Word 2010 提供了丰富多彩的文件保存类型，其中值得注意的是可以保存为 Word 早期版本的文件类型，兼容早期版本。

【实训目的】

1.加深对 Word 2010 打开方式的认知。

2.掌握 Word 2010 的保存方法。

【实训准备】

已经学会了 Windows 7 的基本操作，掌握了该系统的基本知识。有条件的学生可以试试自己安装 Office 2010 软件。

【实验步骤】

1.文档的创建

方法 1：从"开始"菜单启动。执行"开始"→"所有程序"→"Microsoft Office"→"Microsoft Word 2010"命令。完成这一操作后，Word 将会被打开并为用户创建一空白新文档。

方法 2：通过桌面快捷方式启动。如果桌面已经创建了 Word 2010 快捷方式，那么只需要双击桌面上的 Microsoft Word 2010 快捷方式图标就能打开 Word 2010 并创建一个空白文档。

2.保存文档　用户第一次保存新文档时，Word 会弹出"另存为"对话框，让用户选择文档存储位置、保存类型，并输入保存文档的文件名，如图 3-1 所示。

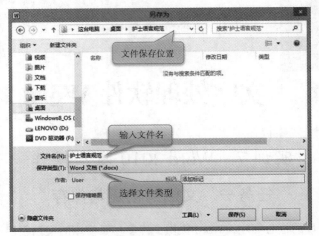

图 3-1 "另存为"对话框

方法 1：单击快速访问工具栏中的"保存"按钮 ![save]。

方法 2：使用快捷键 Ctrl+S。

方法 3：单击"文件"菜单后选择"保存"命令。

【实训评价】

通过本实训任务，让学生能够加深对 Word 2010 打开方式的认知，熟练掌握文档的创建与保存方法。

【注意事项】

由于计算机突然断电会导致没有保存的数据丢失，学生务必养成随时保存文件的习惯。

【实训作业】

1. 使用模板新建一个空白文档，并以"护士语言规范 .docx"保存在桌面上。

2. 仔细观察 Word 2010"另存为"对话框中的保存类型选项。

任务二 打开文档，录入文本内容

学会了创建空白文档和保存文档后，就要往空白文档里输入我们需要的信息了。Word 2010 给用户提供了丰富友好的录入文本界面，如同给了用户一张空白纸张，可以随意编辑，是一个优秀的文本编辑器。

案例设计

通过上面的方法，学生小张已经建立了一个名为"护士语言规范 .docx"的文档，现在她要在其中录入具体内容。下面我们看看她应该如何在文档里录入内容。

讨论：录入文本的前提是确定打开需要录入文本的文件，然后就是充分了解 Word 2010 软件的操作界，知道通过什么方法，在哪里录入文本。

链接

Word 2010 操作界面与 Word 旧的版本界面相比有较大变化，背景更美观，操作更方便，更加人性化，告别了老式菜单，使用户操作一目了然。

【实训目的】

通过本任务的学习，学生能够找到已经保存的 Word 文档，并会向文档中录入文本内容。

【实训准备】

学生了解 Windows 7 文件路径的概念，并至少会使用一种中英文输入法。

【实验步骤】

1. 打开 Word 文档　打开 Word 文档是指把一个已经保存在计算机外存储器上的文档调入内存并显示出来，以对它进行编辑。常用方法有以下几种。

方法 1：找到文档保存的位置，直接双击打开文档即可。

方法 2：使用"打开"对话框打开。单击快速访问工具栏里的 📂 按钮，调出"打开"对话框，如图 3-2 所示。在"打开"对话框中找到文件，然后双击文件即可。

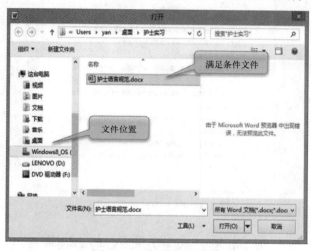

图 3-2　"打开"对话框

2. 录入文本内容　Word 录入文本内容的方法比较容易掌握，操作方法如同其他文本编辑器，只要将光标定位于 Word 的文档编辑区，然后选择适合自己的输入法就可以向文档中输入内容。用户将文本输入编辑区满一行软件会自动移动到下一行，如果想换到下一行只需要按回车键即可，Word 会将回车键作为一段的结束。Word 2010 的操作界面如图 3-3 所示，其中中间一大块空白区域即为录入文本的文档编辑区。

【实训评价】

通过本实训任务，让学生能够加深对 Word 2010 操作界面的认知，熟悉文档的打开方法和录入文本的方法。

【注意事项】

输入文本内容时，留心下方状态栏

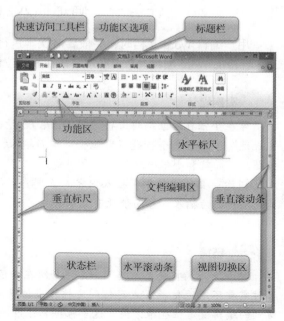

图 3-3　Word 2010 的操作界面

中是插入还是改写状态。插入状态下，录入的文字出现在光标所在的位置，该位置之后的字符依次向后移动；改写状态下，录入文字光标右边的文字被新录入的文字覆盖。

【实训作业】

打开任务一保存的"护士语言规范 .docx"并输入如图 3-4 所示内容。

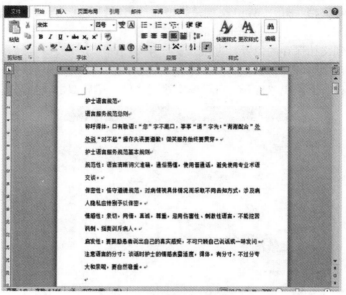

图 3-4　护士语言规范 .docx

实训 8　文档录入与编辑

任务一　确定插入点位置及插入操作

用户编辑 Word 文档时，一般要对文本进行修改，如删除文本和插入文本。所以作为一名合格的 Word 编辑人员，必须掌握在需要位置插入文本的操作方法。

案例设计

学生小张在结束编辑文档"护士语言规范 .docx"时，忘记了输入第一行标题"护士语言规范"。为了一个标题不可能全部重新输入，因此小张需要在文档的第一行插入忘了的标题。下面就和小张一起解决这个问题。

讨论：要往文档中间插入内容，首先要定位输入点。在定位输入点后再输入内容，关键是不能因为插入内容而使原有文本丢失。

链接

插入点是指将要录入的下一个字符所在的位置，通常也称为光标位置。在编辑文档中，有时需要不断地把插入点定位到文档相应位置上。一般使用鼠标定位插入点，但有时使用键盘的编辑键定位也很方便，这要根据具体情况决定。

【实训目的】

1. 熟练掌握鼠标定位文本插入点的方法。

2. 掌握插入与改写状态的切换。

3. 会插入特殊对象与符号。

【实训准备】

了解鼠标指针与光标的定义，不要将鼠标指针与光标混淆，熟练操作标准键盘的相关编辑键。

【实验步骤】

1. 确定插入点位置

方法 1：由于鼠标移动快速，在插入点定位时，普通用户一般使用鼠标定位。单击文档中需要插入字符的位置，即可将光标定位到该处。向上或向下滑动鼠标的滚轮，可以方便地翻滚文本。

方法 2：对键盘操作比较熟练的专业人员使用键盘定位插入点也很快捷，现对键盘定位快捷键介绍如下。

↑ / ↓ / ← / →：上 / 下 / 左 / 右移一个字符。

Home/End：移到行首 / 行尾。

Page Up/Page Down：上移 / 下移一屏。

Ctrl + ← /Ctrl + →：向左 / 向右移动一个词。

Ctrl + ↑ / Ctrl + ↓：前移 / 后移到一段开头。

Ctrl + Home/ Ctrl + End：移到文档开头 / 结尾。

2. 插入操作　　确定插入点后，一般直接输入要插入的内容即可。如果出现输入内容覆盖后面内容的情况，需要设置状态栏"改写 / 插入"状态，方法如下。

方法 1：最简单的方法是单击"改写 / 插入"选项进行切换。

方法 2：按键盘上的 Insert 键（插入 / 改写转换键）。

小张的文档只需按图 3-5 所示操作即可，首先使用鼠标左键定位光标在第一行的行首，然后确认状态栏为"插入"状态，最后输入标题并回车即可。

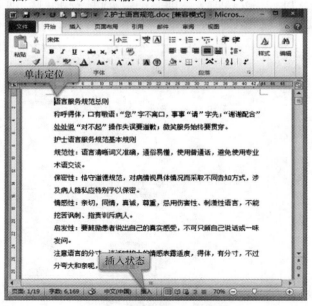

图 3-5　鼠标插入操作

插入操作除了插入文本内容外，还包括插入符号、插入日期与时间、插入页码等。

（1）插入符号。

Word 2010提供了插入符号与特殊字符的方法。定位插入点后，单击"插入"选项卡中"符号"功能区中"符号"下拉按钮，选择其中的"其他符号"命令，弹出"符号"对话框，如图3-6所示，根据需要插入符号。

（2）插入日期与时间。

在编辑文档的过程中，有时需要插入当前日期和时间。操作方法如下：首先定位插入点，然后单击"插入"选项卡中"文本"功能区里的"日期和时间"按钮，弹出"日期和时间"对话框，如图3-7所示，选择一种可用格式，确定后，日期和时间即插入到指定的位置。若在"日期和时间"对话框中选中"自动更新"复选框，则在下次打开该文档时，所插入的日期和时间将自动更新，否则日期和时间将不被更新。

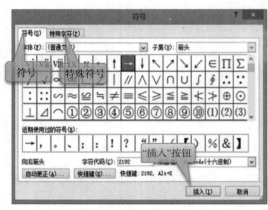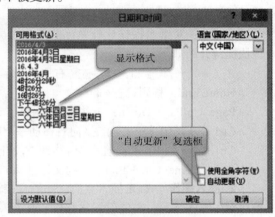

图3-6　"符号"对话框　　　　　　图3-7　"日期和时间"对话框

（3）插入页码。

页码用来标识文档的页序号。如要插入页码，可按如下步骤操作：首先定位插入点，然后单击"插入"选项卡里"页眉页脚"功能区的"页码"按钮，打开页码按钮下一级命令，最后用户根据需要选择相应页码即可，如图3-8所示。

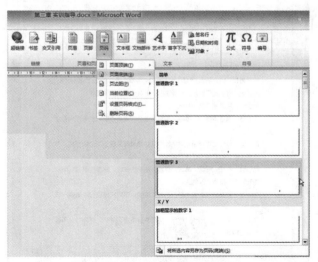

图3-8　页码按钮选项

【实训评价】

通过本实训任务，熟练掌握插入点的定位以及"插入/改写"方法，会向文档中插入特殊符号、页码等操作。

【注意事项】

Word 定位的方法很多，例如，可以通过使用"查找和替换"对话框来定位，而且内容非常丰富。这些技巧都需要在平时的学习中总结。

【实训作业】

给文档"护士语言规范.docx"添加页眉和页码，页眉内容为"护士语言规范"，页码为底端右对齐。

任务二 选定、移动或复制文本

Word 为方便用户利用已有文档,减少文档编辑工作量,可以大量使用移动与复制文本操作。

 案例设计

小张花了一小时完成带教老师给她分配的"护士语言规范.docx"文档后，老师觉得应该在后面再加上"护士语言美的标准"的内容。于是，让她收集这方面的资料并完成。

讨论：现在是一个资源共享的网络时代，很多资源在网络上都能找到，熟悉了 Word 里的复制命令可以方便我们操作，使很多复杂任务变简单。小张上网找到一篇"医护人员语言美的标准"的文章，并以 Word 文档的形式下载下来，于是小张将这篇文章下载下来保存为"护士语言美的标准.docx"。现在我们看看怎么将需要的内容快速地添加到指定文档内。

链接

Word 复制要与粘贴配合使用。从别处复制来的文档拥有自己的格式，所以粘贴时应根据需要选择适合自己的格式。粘贴默认有保留原有格式、合并格式和只保留文本三种选择。其中合并格式的意思是复制过来的内容将摒弃原来的格式，自动匹配现有的格式（包括字体及大小）进行排版。这样不需要进行额外的设置就能和当前格式保持一致，保持版面的整洁一致。

【实训目的】

1. 学会用多种方法选定文本。

2. 熟练使用复制操作，会根据需要选择粘贴选项。

【实训准备】

准备两个 Word 文档，一个是"护士语言规范.docx"，一个是"护士语言美的标准.docx"。

【实验步骤】

1. 选定文本 对文本进行复制、移动以及设置文档格式时都要首先选定文本，文本选定是编辑文档的基本功。选定文本的方法主要包括使用鼠标选定文本和使用键盘选定文本。

1）使用鼠标选定文本

（1）选定文本中相邻的若干字：从起始位置按下鼠标左键不放,拖动到结束位置释放鼠标。

（2）选定一个单词：双击该单词。

（3）选定一行文本：将鼠标指针移动到该行的左侧，直到指针变为指向右边的箭头，然后单击。

（4）选定一个句子：先按住 Ctrl 键，然后单击该句中的任何位置。

（5）选定一个段落：将鼠标指针移动到该段落的左侧，直到指针变为指向右边的箭头，然后双击。或者在该段落中的任意位置三击。

（6）选定多个段落：将鼠标指针移动到段落的左侧，直到指针变为指向右边的箭头，再单击并向上或向下拖动鼠标。

（7）选定一大块文本：单击要选定内容的起始处，然后移动鼠标指针到选定内容的结尾处，接着按住 Shift 键再单击。

（8）选定整篇文档：将鼠标指针移动到文档中任意正文的左侧，直到指针变为指向右边的箭头，然后三击。

（9）选定一块垂直文本（表格单元格中的内容除外）：按住 Alt 键，然后将鼠标拖过要选定的文本。

（10）选定一个图形：单击该图形。

2）使用键盘选定文本

使用键盘选定文本的基本方法是按住 Shift 键，同时按键盘上能够移动插入点的某些编辑键。使用键盘选定文本的常用操作如下。

Ctrl + A：全篇文档。

Shift + ↑ / Shift + ↓：向上 / 向下一行。

Shift + → / Shift + ←：向右 / 左一个字符。

Shift + Home / Shift + End：到行首 / 尾。

Shift + Page Up / Shift + Page Down：向上 / 下一屏。

Ctrl + Shift + Home / Ctrl + Shift + End：到文档开头 / 结尾。

本任务是将"护士语言美的标准 .docx"中全部内容加到"护士语言规范 .docx"后面，属于全部选中。可以使用键盘选中操作 Ctrl + A，或者将鼠标指针移动到文档中任意正文的左侧，直到指针变为指向右边的箭头，然后三击。选中的文本将高亮显示，如图 3-9 所示。

图 3-9　高亮显示选中文本

2. 移动或复制文本　在编辑文档时，经常需要进行剪切、复制、移动或粘贴等操作。剪切是指把选定内容从文档中的原来位置上剪下，存放到系统的剪贴板中。复制是指把选定的内容放入剪贴板中，文档原来位置上的内容仍保留。移动是指把选定的内容从文档中原来的位置移动到文档中的其他位置。粘贴是指把存放在剪贴板中的内容取出，插入到当前文档的指定位置上。粘贴是与剪切、复制相配合进行的操作。

将"护士语言美的标准 .docx"中全部文本选定后，单击"开始"选项卡"剪贴板"功能区中的"复制"按钮 🖺，将选定内容复制到剪贴板；然后定位光标在"护士语言规范 .docx"文档结尾处，单击"开始"选项卡中"剪贴板"功能区的"粘贴"按钮 🖺，单击"只保留文本"按钮 🅰 完成本实训任务。因为使用的是复制命令，原来文档中的内容还在原来位置。使用鼠标移动文本的方法与在 Windows 7 中移动图标方法一致，不再重述。

【实训评价】
通过本实训任务，让学生能够掌握文本的选中、复制、剪切与粘贴操作。

【注意事项】
复制、剪切只有在选中对象后才能使用，否则按钮图标为灰色，不能使用。

【实训作业】
1. 使用鼠标快捷菜单和键盘按键完成本实训任务。
2. 总结粘贴选项中各命令的区别。

任务三　查找与替换文本

将一篇文章中的某些字符全部更改为新的字符是一个经常需要处理的问题，如将一个电子病历中的"病人"全部更改为"患者"。如果病历较长，一个一个查找将是很大的工作量，Word 针对这个问题给出了解决方法。

　案例设计

小张完成将网上查到的文本内容加到"护士语言规范 .docx"后，发现网上查到的文本文件是针对医护人员的，她觉得里面"医护人员"的字符更改为"护士"更合适。下面我们就和小张一块来处理这个问题。

讨论：将一串字符替换为另一串字符主要是找到符合要求的字符，然后确定是否要更改，有时也需要将全部符合条件的字符进行一次性的更改。

链接

因为很多字符在一些对话框里没法输入，Word 对于特殊字符查找与替换也给出了对策，例如，将连续的两个段落标记更改为一个段落标记的情况。

【实训目的】
1. 熟练掌握查找与替换的操作。
2. 了解特殊字符在查找与替换中的运用。

【实训准备】
学生需要准备一篇进行操作的 Word 文档，以实训任务一的"护士语言规范 .docx"为例。

【实验步骤】
1. 查找文本　单击"开始"选项卡中"查找"下拉按钮中的"高级查找"命令，打开"查找和替换"对话框，默认的是显示"查找"选项卡，如图 3-10 所示。在"查找内容"文本框中输入"医护人员"，单击"阅读突出显示"按钮会将满足条件的字符全部高亮显示，如图 3-11 所示。单击"查找下一处"按钮将依次高亮显示满足条件的字符，用户自己根据需要进行手动操作。如果要对特殊字符或者字符格式进行查找可单击"更多"按钮进行设置。

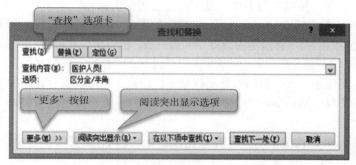

图 3-10 "查找和替换"对话框

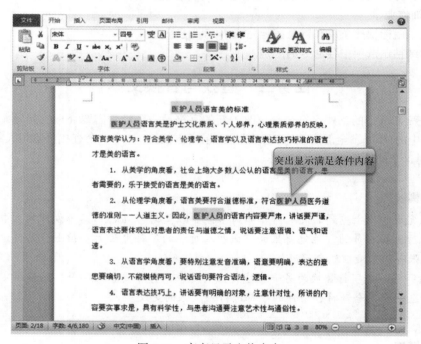

图 3-11 高亮显示查找内容

2. 替换文本 通过"查找和替换"对话框找到符合条件的文本后就可以手动更改为新文本，但这种方法稍显笨拙。Word 已经考虑了使替换简单快捷的方法，操作如下。

首先用上面的方法打开"查找和替换"对话框，切换到"替换"选项卡，如图 3-12 所示。在"查找内容"文本框中输入查找内容，在"替换为"文本框中输入新字符。这里我们要将"医护人员"替换为"护士"，于是在"查找内容"文本框里输入"医护人员"，在"替换为"文本框输入"护士"。如果一次性全部替换整篇文档里满足条件的字符，单击"全部替换"按钮即可。如果每替换一次都需要用户确认，可以利用"查找下一处"按钮来完成。本实训任务只需单击"全部替换"按钮即可完成任务。

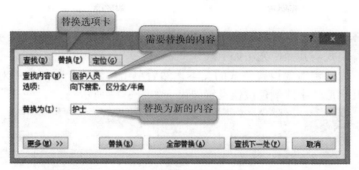

图 3-12 "替换"选项卡

【实训与评价】

通过本实训任务，让学生能够使用"查找和替换"对话框来处理日常遇到的字符查找与替换问题。

【注意事项】

"查找和替换"对话框的查找是从光标的位置向后查找，所以查找替换前一定要将光标定位好。

【实训作业】

从网上下载一篇英文 Word 文档，将其中所有大写字母变为小写字母。

实训 9 文档格式排版

任务一 设置文字格式

Word 又称为文字处理软件，它提供的文字格式设置丰富多彩。每个字符都可以设置字体、字形、字号和颜色等属性。

 案例设计

小张刚进入医院实习，她的带教老师让她编辑了"护士语言规范.docx"文档，但没有进行格式排版，老师很不满意，下面我们来帮她把这篇文档变得漂亮一点。

讨论：要让整篇文章漂亮得体，首先整篇文章需要选择一种合适的字体，标题文字应该稍大并加粗一些，字符间距应该合适等。

链接

在进行字体设置时，用户有时在 Word 里找不到自己需要的字体，这是因为系统没有安装这种字体。解决的办法是上网查到相应字体后进行安装。

【实训目的】

1. 会对字符进行字体、字号、颜色等设置。
2. 会使用"字体"对话框设置。

【实训准备】

准备前期编辑的"护士语言规范.docx"文档。

【实验步骤】

1. 设置字体、字号、字形和颜色　在 Word 2010 中可以通过"开始"选项卡里"字体"功能区设置字符格式。其操作方法如下。

方法 1：首先选定需要设置格式的文本，然后单击"字体"功能区中对应的字体、字号下拉按钮以及字形、字体颜色按钮设置即可，如图 3-13 所示。

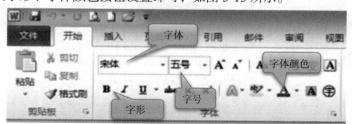

图 3-13　字符格式工具栏

方法 2：使用"字体"对话框设置。

首先选定要设置字号的文本，然后在选中的文本上右击，弹出快捷菜单，接着选中"字体"命令将会弹出"字体"对话框，根据需要设置好后，单击"确定"按钮完成操作。"字体"对话框内容丰富，它包括了所有对字符的设置，如图 3-14 所示。

图 3-14　"字体"对话框

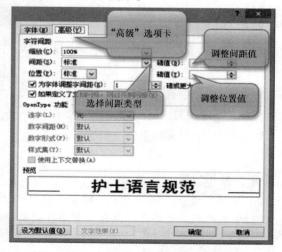

图 3-15　"字体"对话框"高级"选项卡

2. 设置字符高级属性　在"字体"对话框里有一个"高级"选项卡，如图 3-15 所示，可以设置字符间距。缩放是指按其当前尺寸的百分比横向扩展或压缩文字，缩放范围是1%~600%。间距有标准、加宽、紧缩三种类型，也可在"磅值"框中输入间距的具体磅值；位置是指相对标准基准线提升或降低所选文字，有标准、提升、降低三种类型，也可以在"磅值"框中输入具体磅值。每次属性的改变可以在预览框里看到相应的变化。

本实训任务中，我们将大标题字体设置为黑体、加粗、二号字，其他字体设置为宋体、四号字。

【实训评价】

通过本实训任务，学生应掌握字符基本格式设置，了解字符的高级设置。

【注意事项】

Word 2010 的样式功能，列举了许多设置好的字体，用户可以根据需要选择相应的样式进行设置。

【实训作业】

使用"字体"对话框，为"护士语言规范.docx"文档中大标题设置一种文本填充的文字效果。

任务二 段落排版

Word 文档的段落指的是以一个段落标记"↵"来结束的一段文本。它与现实中的自然段非常类似。Word 可根据需要来设置段落格式。

 案例设计

打开前面编辑的"护士语言规范.docx"，能够发现文章没有层次感，与现实中的自然段比起来，不便于阅读。对这篇文档进行段落设置，使它符合人们的阅读习惯是必须进行的工作。

讨论： 自然段一般是首行缩进2个字符位置，段与段之间的行距比较大，当段内一行字符不足一行时，行内字符一般向左对齐。下面就从这些方面对文档进行设置，使它变成易于阅读的文章。

链接

页面视图可以显示 Word 2010 文档的打印结果外观，主要包括页眉、页脚、图形对象、分栏设置、页面边距等元素，是最接近打印结果的页面视图。对文档进行段落设置应该在页面视图下完成，本实训任务也都在此视图下完成。

【实训目的】

1.掌握常见段落格式设置方法。

2.掌握项目符号的使用。

【实训准备】

准备前期编辑的"护士语言规范.docx"文档。

【实验步骤】

1.设置对齐方式 文档的标题常用居中对齐方式，正文段落常用两端对齐或左对齐方式，公文有落款时常用右对齐方式等。我们用这种规则设置"护士语言规范.docx"。

要设置段落对齐方式，可以直接使用"开始"选项卡"段落"功能区中的"段落格式"按钮进行设置。操作步骤是：将插入点定位到需要设置对齐方式的段落中（如果需同时设置多个段落，应将这些段落都选定），然后单击"开始"选项卡中"段落"功能区中的"两端对齐"、"居中对齐"、"右对齐"、"分散对齐"按钮的一种进行设置。当然也可使用"段落"对话框进行相应的设置，为了熟悉"段落"对话框，下面介绍使用"段落"对话框进行设置的方法。

首先选中第一段标题"语言服务规范总则"，然后单击"段落"对话框启动按钮，如图3-16所示。打开"段落"对话框，如图3-17所示，选择对齐方式为"居中"，最后单击"确定"按钮完成标题居中操作。

图 3-16 段落对话框启动按钮

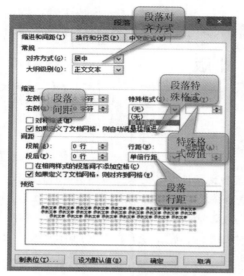

图 3-17 "段落"对话框

2. 设置段落缩进 段落缩进是指一个段落的左边、右边相对于左、右页边距缩进的距离。页边距是指页面上打印区域之外的空白空间。根据中国人的习惯，我们设置正文段落为首行缩进两个汉字。具体操作方法如下。

首先选择正文第一段（光标定位在该段也可以），然后通过鼠标快捷菜单中"段落"命令或者通过"段落"对话框启动按钮启动"段落"对话框，接着在缩进组的特殊格式下拉列表框中选择"首行缩进"选项，磅值设置为"2 字符"，最后确定完成操作。

3. 添加项目符号和编号 项目符号和编号一般用于段落之前，可以增强文档版面的层次感，也可使文档的条理更清晰。编号可以表示并列关系，也可以表示顺序关系。下面为文档中的"规范性"、"保密性"、"情感性"、"启发性"、"注意语言的分寸"五段编号。具体操作方法如下。

选定要添加项目符号的段落，单击"开始"选项卡"段落"功能区里的"编号"下拉框，从编号库中选择一种编号，如图 3-18 所示。

图 3-18 设置编号

通过上面三个步骤操作后得到的文档效果如图 3-19 所示。

【实训评价】

通过本实训任务，学生掌握了段落排版方法，会从整篇文档考虑格式设置与布局。

【注意事项】

更改项目的起始编号值时，可将光标定位在需要更改编号的行并右击，在弹出的快捷菜单中选择"设置编号值"命令进行设置。

【实训作业】

将"护士语言规范 .docx"文档的标题文字设为黑体、小三号、加粗、居中，正文设为楷体、小四号，段落格式设为两端对齐，首行缩进 2 字符，段落行间距为 1.25 行。

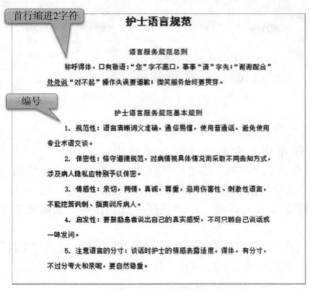

图 3-19　操作结果

任务三　页面布局

为了使文档打印得更加美观,需要进行页面设置。页面设置是指对文档页面布局的设置，包括纸张大小、页边距、版式的设置等。

案例设计

小张终于完成了老师布置的文档，现在需要使用 A4 纸打印 50 份发给其他实习生进行学习。小张从来没使用打印机打印过文件，需要我们帮忙。现在介绍怎么进行页面布局的设置并打印文档。

讨论：先确定使用什么纸张来打印文档，打印区域与纸张边距是多少，是横向打印还是纵向打印，这些在打印前都需要考虑。

 链接

打印 Word 文档时，系统会使用默认的打印机，如果一台计算机安装了多台打印机，用户应该选择一台可以工作的打印机。

【实训目的】
1. 掌握 Word 页面设置方法。
2. 会使用打印机打印 Word 文档。
【实训准备】
确保计算机上已经正确安装了打印机，准备需要打印的文档。
【实验步骤】
1. 页面布局　"页面布局"选项卡主要是对页面进行设置，如图 3-20 所示。

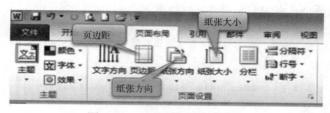

图 3-20 "页面布局"选项卡

文字方向：设置文档内文字方向，如垂直、水平方向。

页边距：页边距是指页面的正文区与纸张边缘之间的空白距离，页眉、页脚和页码等信息都设置在页边距中。页边距的大小还能决定一张纸打印内容的多少。

纸张方向：设置纸张显示和打印是横向还是纵向。

2. 打印预览和打印 在打印前，可以使用"打印预览"功能来查看文档的打印效果，其操作方法如下。

打开文档，单击快速访问工具栏上的"打印预览"按钮，或从"文件"选项卡中选择"打印"命令，出现打印面板，如图 3-21 所示。

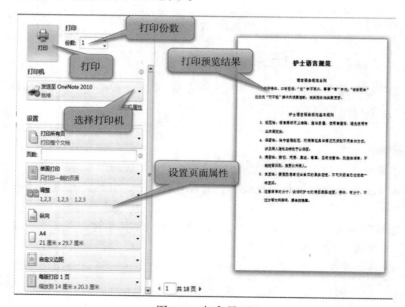

图 3-21 打印界面

图 3-21 左边为打印设置部分，可以设置打印份数、打印纸张大小、打印机选择等，右边是打印预览部分，小张可以根据老师的要求打印出需要的文件。

【实训评价】

理解页面设置中主要属性的意义，会根据需要打印出文件。

【注意事项】

有时页面设置的纸张与打印机打印的纸张不一致，特别是打印机纸张小于页面设置纸张时，可以通过缩放打印将文档打印出来。

【实训作业】

使用打印机纵向打印第二页内容在 A4 纸张上，要求上下左右的页边距都是 1 厘米。

实训 10　表 格 制 作

任务一　创建、修改和编辑表格

大家都把 Word 2010 称为文字处理软件，其实它的表格处理功能也很强大。通过后面的实训任务，读者会慢慢体会到 Word 表格的许多优点。下面先介绍表格的一些基本操作。

学生小张已经会使用 Word 2010 对文档的文本进行格式设置和简单的排版了，今天她希望用 Word 制作一张课程表，这需要用到表格知识，但是表格操作她从来没学过，让我们来帮帮她。

讨论：学习表格制作首先要明白表格的构造。表格由行和列组成，每行和每列又是由一个个单元格组成的。表格里可以输入字符、图形、图像等。

链接

在 Word 2010 "插入"选项卡的表格按钮下拉框里有一个"快速表格"的功能，在这里我们可以找到许多已经设计好的表格样式，只需要挑选你所需要的，就可以轻松插入一张表格。

【实训目的】

1. 熟练创建多行多列表格。

2. 掌握常用的表格编辑和内容输入方法。

【实训准备】

学生在使用 Word 2010 软件设计表格之前准备一张已经画好的纸质课程表。

【实验步骤】

1. 创建表格　单击"插入"选项卡"表格"功能区的"表格"按钮，如图 3-22 所示。然后拖动鼠标选择所指定的行数和列数（最多可达到 8 行 10 列），释放鼠标即可在插入点位置插入表格。若指定的行数和列数超过范围，则只能选用"插入"选项卡"表格"功能区的"表格"按钮下拉列表框里的"插入表格"命令，使用"插入表格"对话框创建表格，如图 3-23 所示。

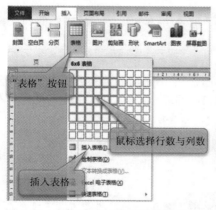

图 3-22　鼠标选择行数与列数插入表格

图 3-23　"插入表格"对话框

图 3-24 插入单元格

2. 编辑修改表格

1）添加表格的单元格、行或列

添加单元格前，首先要选定需添加的单元格的位置和添加单元格的个数，然后右击，弹出快捷菜单，选择"插入单元格"命令，如图 3-24 所示，弹出"插入单元格"对话框，如图 3-25 所示。选择需要的选项后单击"确定"按钮即可实现单元格的插入操作。

添加行或列前，首先选定将在其上（或下）插入新行的行或将在其左（或右）插入新列的列，选定的行数或列数要与需插入的行数或列数一致，然后单击"表格工具"选项卡"行和列"分组中对应的"在上方插入"、"在下方插入"、"在左方插入"和"在右方插入"按钮即可实现将行或列插入到指定位置。

2）拆分单元格与合并单元格

拆分单元格是指将表格中一个或多个单元格拆分成多列或多行单元格。在单元格中右击，弹出鼠标快捷菜单，选择"拆分单元格"命令将会弹出如图 3-26 所示的"拆分单元格"对话框，按照需要填写列数与行数，单击"确定"按钮即可对单元格进行拆分。

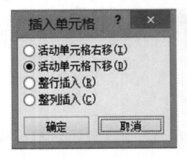
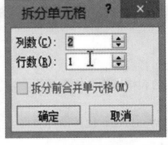

图 3-25　"插入单元格"对话框　　图 3-26 "拆分单元格"对话框

合并单元格是指将同一行或同一列中的两个或多个单元格合并为一个单元格。选定要合并的单元格，右击弹出快捷菜单，选择"合并单元格"命令即可，单元格中的数据将全部集中在合并单元格中。

3）删除表格的单元格、行或列

删除表格的单元格、行或列的操作参照添加表格的单元格、行或列的相关操作，这里不重复叙述。

4）改变行高和列宽

把插入点定位在表格中时，功能区将会增加一个"布局"选项卡。表格的许多设置可以通过这个选项卡进行操作，如图 3-27 所示。其中高度与宽度即为单元格的行高和列宽，可以直接输入数据或者用鼠标进行微调。

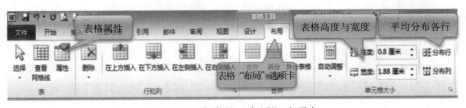

图 3-27　表格的"布局"选项卡

5）表格数据输入

向表格里输入数据只需要单击需要输入数据的单元格，将光标定位在单元格内就可以进行数据的输入。

【实训评价】

通过本实训任务，学生能够创建表格并且能做到对表格进行编辑修改。

【注意事项】

表格的许多操作，包括其他 Word 对象的操作都可以通过鼠标右键快捷菜单来完成。

【实训作业】

创建一个新文档，保存文件名为"表格制作练习"，在文档中制作一份某班级的成绩单，总分、平均分可暂不计算。

任务二　制作课程表

日常工作和生活中使用表格的时候非常多，上面学习的表格创建与编辑修改操作，基本上能帮助我们完成简单的表格制作。但是为了使表格更加美观，还需要进一步对表格进行美化。

 案例设计

学生小张正在设计一个本学期的课程表，没花多少时间她就做好了一张课程表，同学看后觉得她设计的课程表非常单调，希望她制作得更美观一些。

讨论：课程表主要就是一个 Word 表格，对它的美化主要在边框以及底纹方面，所以应该从这方面入手。

链接

Word "插入"选项卡表格按钮下的绘制表格命令非常好用，用户可以像使用铅笔一样随意绘制表格。

【实训目的】

1.熟悉表格边框与底纹的应用。

2.掌握单元格中文本的对齐方式。

【实训准备】

准备一张本学期的课程表，填写上课时间与科目。

【实验步骤】

1.绘制简单课程表　利用前面学习的知识绘制一张简单的课程表，如表 3-1 所示，具体步骤不再重述。

表 3-1　课程表

	星期一	星期二	星期三	星期四	星期五
1	伦理	生物	生化	微机	解剖
2					
3	生化	体育	伦理	解剖	英语
4					
5	解剖	微机	生物	哲学	语文
6					

2. 增加表头斜下框线　　将光标定位在课程表第一行的第一个单元格，切换到"表格工具"下的"布局"选项卡，单击"表"功能区的"属性"按钮，打开"表格属性"对话框，如图 3-28 所示。单击"边框与底纹"按钮打开"边框与底纹"对话框，选择预览右下角的"＼"，在"应用于"框中选择"单元格"选项，确定返回将在第一个单元格中增加一个表头斜线。通过空格、回车键调整光标位置，在斜线上方输入星期，在下方输入节次，显示结果如表 3-2 所示。

表 3-2　课程表

节次　　　星期	星期一	星期二	星期三	星期四	星期五
1	伦理	生物	生化	微机	解剖
2					
3	生化	体育	伦理	解剖	英语
4					
5	解剖	微机	生物	哲学	语文
6					

图 3-28　　"表格属性"对话框

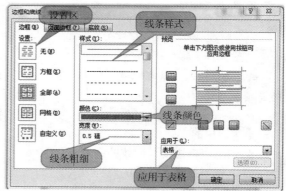

图 3-29　边框与底纹

3. 设置边框线　　设置表格外边框线为红色双细实线，内边框为红色细实线。在图 3-29 中，选择"边框和底纹"对话框的"边框"选项卡。在"设置"区选择要设置的边框，然后在"线型"列表框中选择边框线型，在"颜色"下拉列表框中选择边框线颜色，在"宽度"下拉列表框中设置边框线宽度。设置完毕后单击"确定"按钮。在"预览"区域内单击相应位置按钮可以设置表格内外边框，同时可以预览设置的边框效果。

4. 设置表格填充色　　选择需要填充背景色的单元格后，打开"边框与底纹"选项卡中的"底纹"选项卡，从"填充"下拉颜色框选择颜色并从"样式"下拉框中选择 12.5%，确定后就能完成所选单元格的底纹设置。最后结果如表 3-3 所示。

表 3-3　课程表

节次 \ 星期	星期一	星期二	星期三	星期四	星期五
1 2	伦理	生物	生化	微机	解剖
3 4	生化	体育	伦理	解剖	英语
5 6	解剖	微机	生物	哲学	语文

5. 设置单元格对齐方式　　选择需要设置单元格对齐方式的单元格后，单击"布局"选项卡中"对齐方式"组的对齐方式，这里设置垂直与水平都居中 ▤。

6. 设置字体格式　　为了突出显示表格里的字体，这里将字体设置为白色、加粗。

【实训评价】

通过本实训任务，让学生复习表格的创建与修改，并能够熟练设置表格边框与底纹。

【注意事项】

边框设置中有一项"应用于"下拉列表框，其中有文字、单元格、表格等选项，用户应根据需要进行正确选择，不可以忽略，否则容易出现错误。

【实训作业】

1. 将表 3-2 设置成自己喜欢的风格。

2. 查找资料，将表 3-2 左上角单元格绘制成三线表头，增加科目项。

任务三　制作成绩单

每次学期结束，班主任都忙于给学生填写成绩报告单，学生人数很多时，一张张手工填写工作相当繁重。使用 Word 中的邮件合并功能将会事半功倍。

案例设计

期末考试结束后，班主任找到学生小张让她帮忙填写学生成绩单，班主任将一份 60 多人的班级成绩单的电子表格给小张，让她将每人成绩抄写在纸质成绩单上。小张想到上课老师曾经讲过 Word 邮件合并功能，该功能可以批处理数据库数据，使用这一功能可以节约大部分时间，而且更加美观和正规。

讨论：邮件合并的主要任务是将数据库中的数据按要求依次自动填写在 Word 设置的模板上，达到文件格式更加统一，操作更加省力省时，而且能反复使用的目的。

链接

邮件合并功能不仅能处理文本数据，而且能处理图片数据。例如，准考证中的照片也能使用邮件合并功能进行批处理，这时数据源里保存的是照片的路径。

【实训目的】

1. 体会邮件合并的强大功能。

2. 掌握处理大量重复数据的工作技巧。

【实训准备】

准备一张含有学生成绩的电子表格，将一张纸质成绩单当作设计模板。

【实验步骤】

1. 对提供的 Word 表格数据进行初步处理　为了使用电子表格数据，首先将文件保存在硬盘备用，然后将电子表格的数据进行统一规划，每列的数据对象应该是一致的，如表 3-4 所示。

表 3-4　学生成绩统计表

学号	姓名	化学	数学	解剖	体育	英语	语文	微机	物理
20160301	刘丽丽	91	69	72	85	85	88	100	95
20160302	张　婷	89	91	72	82	92	88	100	91
20160303	王　娟	93	76	72	82	85	82	80	88
20160304	吴　奇	32	60	44	81	45	60	84	62
20160305	朱　彤	85	60	60	80	60	71	76	62
20160306	刘　其	93	100	76	79	65	60	100	91
20160307	李文艺	82	93	70	82	30	60	95	65

2. 在 Word 中设置成绩单模板　为了和纸质成绩单统一，首先应该根据纸质成绩单的参数，在 Word 的"页面布局"里设置纸张大小、页边距等。设计完成"成绩报告单"后保存。这一操作方法在前面已经练习了，不再重述。设计完成后的模板如图 3-30 所示。

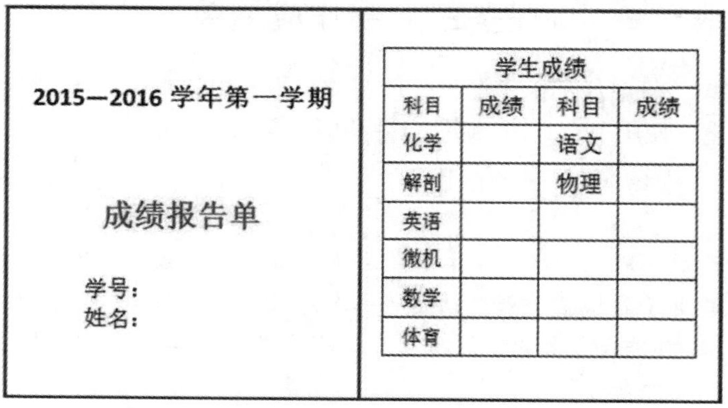

图 3-30　成绩报告单模板

3. 设置成绩单的数据源　打开成绩报告单模板文件，切换到"邮件"选项卡，单击"邮件"功能区，选择"选择收件人"→"使用现有列表"命令，弹出"选取数据源"窗口，找到前面的"学生成绩统计表 .xlsx"，单击"打开"按钮，这时弹出"选择表格"窗口，选择存储成绩的表格，单击"确定"按钮完成数据源设置。

4. 插入数据源各项　接下来就是将数据源里的各项数据放置在成绩单需要的位置，将光标定位到插入数据的位置，然后单击"插入合并域"按钮，在下拉菜单中选择对应项，将数据一一放在指定位置，结果如图 3-31 所示。

2015—2016 学年第一学期

成绩报告单

学号：«学号»
姓名：«姓名»

学生成绩			
科目	成绩	科目	成绩
化学	«化学»	语文	«语文»
解剖	«英语»	物理	«物理»
英语	«英语»		
微机	«微机»		
数学	«数学»		
体育	«体育»		

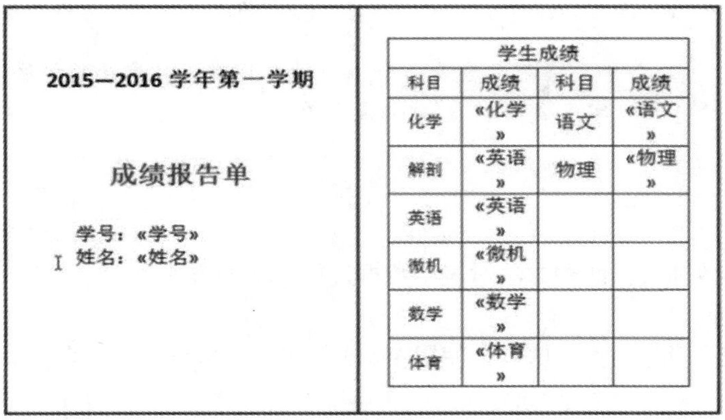

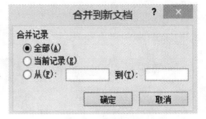

图 3-31　数据源各项放置在指定位置

5. 生成信函　单击“完成邮件合并”按钮，在弹出的下拉菜单中选择“编辑单个文档”选项，弹出“合并到新文档”对话框，如图 3-32 所示，然后选中“合并记录”选项区中的“全部”单选按钮，单击“确定”按钮完成邮件合并，系统在新文档中为每个学生都生成了一份成绩报告单，只要按需打印就可以了。

图 3-32　“合并到新文档”对话框

【实训评价】

通过本实训任务，学生能够使用邮件合并功能将数据库文件与 Word 文件结合起来使用，大量减少重复工作量。

【注意事项】

对于数据库里的每一条记录，如果都需要使用 Word 来进行同样的处理，并且要求形成独立的文件，可以考虑使用邮件合并功能来处理。

【实训作业】

收集本班同学的信息，以护士资格考试准考证为模板，模拟为每个同学设计一张统一的准考证。

任务四　制作科室工资表

在文档处理过程中，经常会遇到表格处理问题。课程表这样的表格只需要进行表格设计就可以，但有时也会遇到一些需要对表格数据进行计算的问题。

案例设计

到月底了，医院财务科开始忙于给各个科室统计工资。由于医院人数众多，财务科要求各科室每月以 Word 文档的形式向财务科报送工资表。现在大家一起来解决这一今后可能遇到的工作问题。

讨论： 工资一般包括很多项目，如基本工资、职称工资、工龄工资以及需要扣除的医疗保险、公积金等。这些是需要对数据进行计算处理的。Word 表格的每一行或者每一列都可以当作一条记录。所以计算工作主要就是对每一行或者每一列进行操作。

📚 **链接**

Word 表格中的每个单元格都对应着一个唯一的引用编号。编号的方法是以 1，2，3，…代表单元格所在的行，以字母 A，B，C，…代表单元格所在的列。例如，C4 代表第四行第三列中的单元格。

【实训目的】

掌握使用函数和公式两种方法对表格数据进行计算的方法。

【实训准备】

分析工资表一般包括哪些内容，使用 Word 制作一张简单的工资表。

【实验步骤】

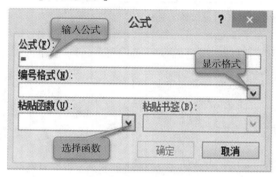

图 3-33 "公式"对话框

1. 数据计算基础知识 Word 提供了两种方式对表格数据进行计算：一种方式是使用 Word 自带的函数，另一种方式是用户自己输入设计好的公式。

具体操作方法如下：首先将光标定位至用于存放计算结果的单元格内，然后单击"表格工具"中"布局"选项卡的"公式"按钮 fx，弹出"公式"对话框，如图 3-33 所示。接着在弹出的"公式"对话框中，用户可以在"公式"文本框中输入所需的公式，同时可以在"编号格式"下拉列表框中选择数据显示格式，然后单击"确定"按钮即可。

2. 制作工资表 现有表 3-5 所示工资表，需要通过 Word 自动计算功能补充完成相关项目。其中"应发工资＝基本工资＋岗位津贴＋岗位津贴"，"公积金扣除＝应发工资×15%"，"实发工资＝应发工资－公积金扣除－医疗保险"。

表 3-5 工资表

工号	职称	基本工资	岗位津贴	岗位津贴	应发工资	公积金扣除	医疗保险	实发工资
1000015	高级	4660	800	830			60	
1000011	高级	4400	800	830			60	
2000016	中级	3320	720	830			60	
2000022	中级	3100	720	830			60	
3000031	初级	2200	800	830			60	
合计								

现在以工号 1000015 这一行为例具体介绍操作方法。首先将光标定位在 F2 单元格内，然后选择"表格工具"中"布局"选项卡下的"公式"命令，弹出图 3-33 所示"公式"对话框。在其中输入"=SUM(LEFT)"，单击"确定"按钮完成单元格 F2 的输入。同样，在 G2 单元格的"公式"对话框中输入"=F2*15％"，在 I2 单元格的"公式"对话框中输入"=F2－G2－I2"。这样就完成了工号 1000015 这一行数据的输入。接下来计算"合计"项。使用

上面的方法，在"公式"对话框中输入"=SUM(ABOVE)"。重复使用上面的方法可以完成上面的表格。完成结果如表 3-6 所示。

表 3-6　工资表

工号	职称	基本工资	岗位津贴	岗位津贴	应发工资	公积金扣除	医疗保险	实发工资
1000015	高级	4660	800	830	6290	943.5	60	5286.5
1000011	高级	4400	800	830	6030	904.5	60	5065.5
2000016	中级	3320	720	830	4870	730.5	60	4079.5
2000022	中级	3100	720	830	4650	697.5	60	3892.5
3000031	初级	2200	800	830	3830	574.5	60	3195.5
合计		17680	3840	4150	25670	3850.5	300	21519.5

【实训评价】

通过本实训任务，学生能够在 Word 中对表格数据进行简单的计算。

【注意事项】

如果选用的参数分别为 LEFT、RIGHT、ABOVE，那么分别表示对定位单元格左侧、右侧、上方连续单元格内数据进行计算。如"=SUM(ABOVE)"，即对定位单元格上方的单元格中的数据进行求和计算。

【实训作业】

1. 上网搜索 Word 计算表达式中常用算术运算符及 5 个常用函数。

2. 思考使用 LEFT、RIGHT、ABOVE 作为函数参数时的注意事项。

实训 11　图 文 混 排

任务一　基本操作训练

Word 是一款功能强大的文档编辑软件，它不仅能编辑文字和表格，人们常使用它来制作海报、杂志、刊物等。在 Word 文档中可以插入多种图形。图形作为 Word 文档的一部分，可以增强文章的阅读效果，是对文字内容的重要补充。

　案例设计

快到元旦了，学校按常规将开展元旦文艺汇演。为了让大家都知道这个好消息，学校计划张贴一张海报，号召大家踊跃参加这次文艺演出。只使用文字与表格制作海报显得比较单调，向文档里插入图片并且进行排版就显得非常有必要了。

讨论：制作一份漂亮的海报，布局是非常重要的一件事。在 Word 中可以使用文本框和表格进行布局。它们可以很好地把对象限定在固定的位置。

链接

计算机能以矢量图或位图格式显示图像。理解两者的区别能帮助用户更好地提高工作效率。矢量图使用线段和曲线描述图像，所以称为矢量。位图使用像素的一格一格的小点来描述图像。两者最简单的区别就是：矢量图可以无限放大，而且不会失真；位图放大有失真的情况。

【实训目的】

1. 掌握文本框的使用方法。

2. 掌握在文档中插入图片的方法。

【实训准备】

准备几张图片存储在计算机里用于练习。

【实验步骤】

1. 插入文本框　文本框是一种可以移动、可调大小的容纳文字或图形的方框。使用文本框可以在一页上放置若干文字块，或是使文字块按与文档中其他文本不同的方式排列。

插入文本框的方法如下：首先选择"插入"选项卡，然后在文本区域中单击"文本框"按钮，如图 3-34 所示。这时列出了一些系统内置的文本框，选择你需要的一种文本框，单击文本框以后，此时的文本框处于编辑状态，可以输入内容。

图 3-34　插入文本框

文本框插入到文档后，一般需要设置它的形状与格式。文本框设置内容非常丰富，以下介绍如何设置文本框边距和垂直对齐方式，其他设置类似。

默认情况下，Word 2010 文档的文本框垂直对齐方式为顶端对齐，文本框内部左右边距为 0.25 厘米，上下边距为 0.13 厘米。这种设置符合大多数用户的需求，用户可以根据实际需要设置文本框的边距和垂直对齐方式，操作步骤如下：首先，打开 Word 2010 文档窗口，右击文本框，在打开的快捷菜单中选择"设置形状格式"命令，如图 3-35 所示；接着，在打开的"设置形状格式"对话框中切换到"文本框"选项卡，在"内部边距"区域设置文本框边距，然后在"垂直对齐方式"区域选择顶端对齐、中部对齐或底端对齐方式。设置完毕单击"确定"按钮，如图 3-36 所示。

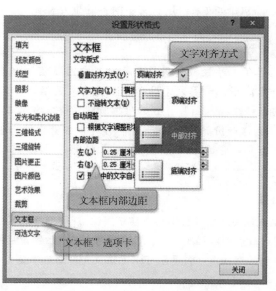

图 3-35　设置形状　　　　　　　图 3-36　"文本框"选项卡

2. 插入图片　使用 Word 编辑文档的过程中，经常需要在文档中插入图片。有时需要将图片完全插入到文档中，而有时需要插入一个图片链接。插入图片链接的好处是当原始图片发生改变时，文档中的图片会自动进行更新。下面就来介绍在文档中插入图片的方法。

首先将光标定位到插入图片的位置，接着单击"插入"选项卡，在"插图"中单击"图片"按钮，弹出"插入图片"对话框，然后在"插入图片"对话框中查找到需要的图片，最后选中该图片并单击"插入"按钮就能将其插入当前文档中。

如果需要插入一个图片链接，可单击图 3-37 的"插入图片"对话框中"插入"下拉按钮，从其菜单中选择"插入和链接"或"链接到文件"命令。这样当原始图片发生改变时，文档中的图片会自动进行更新。

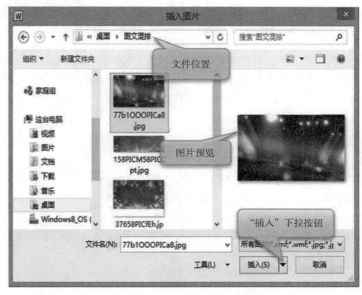

图 3-37　"插入图片"对话框

默认情况下，插入 Word 2010 文档中的图片作为字符插入到文档中，其位置随着其他字符的改变而改变，用户不能自由移动图片。而通过为图片设置文字环绕方式，可以自由移动图片的位置，操作步骤如下：首先，选中需要设置文字环绕的图片，然后在打开的"图片工具"功能区的"格式"选项卡中，单击"排列"分组中的"位置"按钮，最后在预设位置列表中选择合适的文字环绕方式即可。

如果用户希望在 Word 2010 文档中设置更丰富的文字环绕方式，可以在"排列"分组中单击"自动换行"按钮，在打开的菜单中选择合适的文字环绕方式即可。

Word 2010"自动换行"菜单中每种文字环绕方式的含义如下。

（1）嵌入式：图片作为字符插入到文档中，不能移动。

（2）四周型环绕：不管图片是否为矩形图片，文字以矩形方式环绕在图片四周。

（3）紧密型环绕：如果图片是矩形，则文字以矩形方式环绕在图片周围，如果图片是不规则图形，则文字将紧密环绕在图片四周。

（4）穿越型环绕：文字可以穿越不规则图片的空白区域环绕图片。

（5）上下型环绕：文字环绕在图片上方和下方。

（6）衬于文字下方：图片在下、文字在上分为两层，文字将覆盖图片。

（7）浮于文字上方：图片在上、文字在下分为两层，图片将覆盖文字。

（8）编辑环绕顶点：用户可以编辑文字环绕区域的顶点，实现更个性化的环绕效果。

【实训评价】

通过本实训任务，学生掌握文本框与图片的插入方法，并会设置它们的属性。

【注意事项】

有时文档插入图片后，图片不能完整地显示，只能看到最下面的一部分，这是因为插入的图片是嵌入型，而行距又设置得太小。只要选择图片所在段落将段落行距设置成单倍行距就可以了。

【实训作业】

1.练习去除文本框的外边框以及更改外边框的颜色和样式。

2.练习使用"自动换行"菜单中每种文字环绕方式。

任务二　制作学校晚会海报

如果没有强大的图片处理软件和专业图片处理技术，制作海报会不会让你很苦恼？使用 Word 制作海报对非专业人士来说是一个不错的选择。Word 功能的强大可以说是众所周知的，利用 Word 我们可以制作出既简单又美观的海报。

　案例设计

元旦将近，学校计划组织全校师生来一场文艺汇演。为此，需要制作一张宣传这次晚会的海报。学校将这个光荣的任务交给了校学生会。这对计算机知识掌握不多的医学专业的学生来说很是苦恼。下面来帮他们完成这个任务。

讨论：海报的主要内容是图片，图片大而显眼就能突出海报主题。找一张切合主题的图片，给人们一种视觉效应，能增加效果。其实就是宣传语了，围绕活动主题想一些创意，然后构思一下海报的版面和排版。

　链接

海报一定要具体真实地写明活动的地点、时间及主要内容，可以用些鼓动性的词语，但不可夸大实事。海报文字要求简洁明了，篇幅要短小精悍，版式可以作些艺术性的处理，以吸引观众。

【实训目的】

1.练习图片与文本框的组合。

2.掌握艺术字设置。

【实训准备】

提前上网下载一些有关主题的图片，构思一幅海报草图。

【实验步骤】

1.页面设置　首先需要设置最后打印出多大页面的海报。海报大小设置完成后才好对页面进行布局。纸张大小、纸张方向和页边距都在"页面布局"选项卡中进行设置，如图 3-38 所示。这里设置纸张大小为 A4，纸张方向为"横向"，页边距上、下、左、右均为 0 厘米。

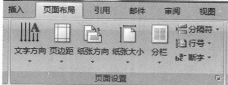

图 3-38　"页面布局"选项卡

2. 插入背景图 首先，单击"插入"选项卡里的"图片"按钮，插入所选主题图片，方法在任务一里有介绍，此处不再重复。接着选中图片，对图片格式进行设置，如图 3-39 所示。这里设置"图片样式"为"棱台矩形"。样式设置好后，选中图片，通过拖动 8 个图片控制点来调整图片大小。

图 3-39　图片格式选项卡

3. 插入艺术字 为了突出海报主题，最好使用艺术字显示主题。艺术字比普通文字更有感染力。插入艺术字的方法如下：单击"插入"选项卡中的"艺术字"按钮，选择要应用的艺术字效果，如图 3-40 所示。本例选用第一行第三列样式。这时在文档工作区中出现的图文框内输入文字内容"2017 年度元旦文艺汇演"，字体设置为华文楷体，字号为小初。将鼠标指针放在图文框的边框上可以拖动艺术字到合适的位置，也可以拖动文本框边框中间的调节按钮调节图文框的大小。

选中艺术字文本框后，选择"格式"选项卡中"艺术字样式"里的"文本填充"、"文本轮廓"、"文本效果"命令对艺术字进行样式设置，如图 3-41 所示。本例设置：

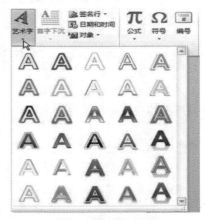

图 3-40　艺术字效果

文本填充为"浅蓝"，文本轮廓为"黄色"，文本效果为"转换"样式里的"上弯弧"。

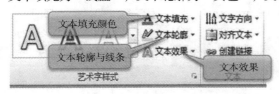

图 3-41　设置艺术字样式

4. 插入文本框 图片上没法输入文字，可以借助文本框让文字显示在图片上。不仅如此，文本框还可以随意移动。对于文本框的插入方法，前面已经介绍，不再重述。本例文本框设置为："形状填充"为"无颜色填充"，"形状轮廓"为"无轮廓"。

通过以上几个步骤，适当调整每个对象的位置，就可以完成一份漂亮的海报设计。本例设计的最终结果如图 3-42 所示。

【实训评价】
通过本实训任务，学生能够掌握图片、文本框与艺术字的组合使用，会制作简单的海报。

【注意事项】
图片、文本框与艺术字的设置极为相似。它们放置在同一位置会有谁在上一层，谁在下一层的问题。这个只需要通过选中对象后，在鼠标右键快捷菜单中设置即可。

【实训作业】
1. 上网搜索海报范例，体会设计技巧。
2. 使用 Word 制作一份拥有自己创意的海报。

图 3-42　海报样式

任务三　制作一份单页小报

宣传小报在日常工作和学习中应用非常广泛，其排版难度虽然不大，但更需要注重版面的整体规划、艺术效果和个性化创意。

案例设计

作为 Word 2010 图文混排的总结，制作一份单页小报。小报主题为"5.12 国际护士节"。其最终效果如图 3-43 所示。

图 3-43　小报

讨论：Word 里排版方法非常多，可以使用分栏、文本框和表格。使用表格对整个版面设计更方便，本任务使用表格排版。

链接

版面设计的一般规律为对称与均衡，对比与调和，节奏与韵律，比例与分割，空白与疏密。根据创意和策略以及目标受众等因素来决定使用哪种规律，或者将哪几种规律配合使用。

【实训目的】

1. 掌握使用表格对小报进行排版。

2. 熟练掌握图文混排。

【实训准备】

提前准备好图片文件和主题相关的资料。如果想制造更有创意的小报，可以上网下载丰富多彩的小报花边。

【实验步骤】

1. 布局版面 布局版面前首先需要设置纸张大小、纸张方向与页边距等信息，这些都能在"页面布局"选项卡里设置，不再重述。页面设置好后插入一张带花边的图片作为小报的背景图。操作方法为：单击"插入"选项卡中的"图片"按钮，弹出"插入图片"对话框，找到准备好的背景图片，单击"插入"按钮即可。然后根据页面调整图片大小，使图片刚好覆盖页面。选择图片后，设置图片的"自动换行"格式为"衬于文字下方"。

观察图 3-43，版面可以分为 2 行 4 列。先在图片上插入 2 行 4 列的表格，然后合并 B1 和 C1，如表 3-7 所示。

表 3-7 小报布局

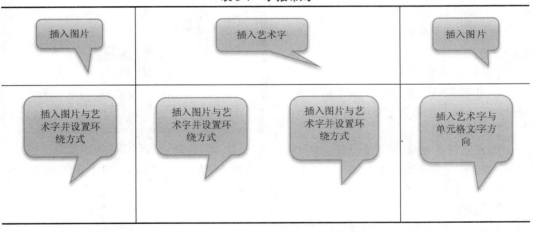

选中表格，单击"布局"选项卡的"单元格边距"按钮，弹出"表格选项"对话框，如图 3-44 所示。设置单元格边距为上、下、左、右都为 0.5 厘米。这样设置的目的是使各个栏目之间有相应的空隙，层次更加明确。

2. 向表格里输入内容 表格的每一个单元格都相当于小报的一个栏目，可以单独编辑。在 A1 和 C1 单元格插入图片，并调整大小。在 B1 单元格插入"5.12 国际护士节"的艺术字，"形状填充"设置为"无填充颜色"，"形状轮廓"设置为"无轮廓"。字体设置为紫色，字号为小初。艺术字文本效果设置为"转换"中"弯曲"的第一行第二列。在 D2 单元格输入"南丁格尔誓词"。接着，将光标定位在 D2 单元格内，右击弹出快捷菜单，选择文字方向。弹出图 3-45 所示的文字方向设置对话框。选择方向中的第二行第二个方向，然后单击"确定"按钮完成 D2 单元格竖排文字的设置。

掌握了插入图片、艺术字的设置后，很容易完成小报的设计。

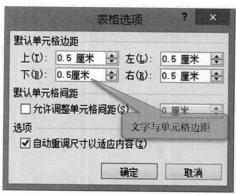

图 3-44　"表格选项"对话框

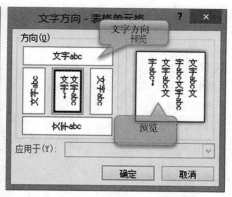

图 3-45　设置文字方向

3. 去除表格边框　小报设计好后，还有关键的一步是去除表格边框。将光标定位在表格内，单击"布局"选项卡"表"功能区中的"属性"按钮，弹出"表格属性"对话框，如图 3-46 所示。单击"表格"选项卡中的"边框和底纹"按钮，弹出"边框和底纹"对话框。边框设置为"无"，这样除掉了表格的边框。

通过上面三个步骤，一份完整的小报就设计完成了。

【实训评价】

通过本实训任务，让学生能够掌握表格排版的方法并能设置艺术字对应的属性。

【注意事项】

用表格设计版面，可以设计一些左右

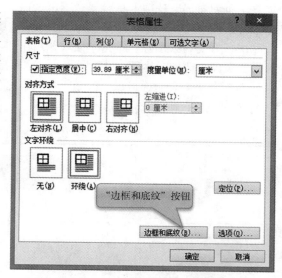

图 3-46　"表格属性"对话框

不对称的结构，把页面进行分割，分别在不同区域放入不同信息，这样处理比分栏更有优势。表格还能固定对象的位置，不像文本框那样位置容易移动。

【实训作业】

1. 收集一些小报，分析它们的布局方法。

2. 使用文本框和分栏功能对小报进行布局的方法，设计一份"护士节"的小报。

第四章　电子表格处理软件 Excel 2010

实训 12　Excel 2010 操作入门

任务一　工作簿基本操作

　　用户在第一次打开 Excel 2010 软件时，往往不知如何下手，下面就从工作簿的新建、保存等基本操作开始，通过练习，熟悉 Excel 2010 的窗口组成，掌握工作簿的基本操作。

 案例设计

　　在使用 Excel 2010 处理数据之前，我们要先学会创建工作簿，将工作簿保存到指定位置，以便日后查看。

　　讨论：用户初次接触 Excel 2010，往往对工作簿、工作表、单元格的概念不是很清楚，通过上机练习理清三者的概念以及它们相互之间的关系。

【实训目的】

1. 熟悉 Excel 2010 的窗口组成。

2. 掌握 Excel 2010 的启动与退出。

3. 掌握工作簿的基本操作。

【实训准备】

软硬件环境准备：Windows 7 操作系统；Excel 2010 电子表格处理软件。

操作者准备：做好课前复习。

【实验步骤】

　　1. 创建工作簿　　创建工作簿通常有两种方法：一是创建空白工作簿，二是使用模板快速创建工作簿。

　　(1) 创建空白工作簿：启动 Excel 2010 程序，切换到"文件"选项卡，选择"新建"→"空白工作簿"命令，然后单击"创建"按钮，如图 4-1 所示。

　　(2) 使用模板创建工作簿：启动 Excel 2010 程序，切换到"文件"选项卡，单击"新建"选项，在"可用模板"里选择"样本模板"选项，然后选择"血压监测"选项，单击"创建"按钮，如图 4-2 所示。

图 4-1　创建空白工作簿

图 4-2　使用模板创建工作簿

2. 保存工作簿　在工作簿编辑完成以后，要及时保存到计算机中。单击"文件"选项卡，选择"另存为"选项，弹出"另存为"对话框，选择工作簿的保存位置，在"文件名"文本框中输入"我的工作簿"，如图 4-3 所示。

图 4-3　保存工作簿

3. 关闭工作簿　当工作簿保存之后，就可以将其关闭。单击"文件"选项卡，选择"关闭"命令即可。

【实训评价】

通过本次上机练习，使学生熟练掌握 Excel 2010 工作簿创建、保存与关闭的操作方法。

【注意事项】

1. 当工作簿关闭之后，需要再次使用时，只需双击该文件就可以打开。

2. 当仅关闭工作簿时，Excel 2010 程序并未退出，仍然可以打开其他工作簿继续使用。

【实训作业】

使用模板创建"个人月预算"工作簿文件，并将其保存在 D 盘。

任务二　工作表基本操作

工作表又称电子表格，包含在工作簿内，主要用来存储、处理数据。工作表的基本操作包括创建工作表、选择工作表、复制与移动工作表和重命名工作表等。

 案例设计

利用 Excel 2010 对数据进行分析处理，首先要从创建和选择工作表开始。

讨论：一个工作簿可以包含多个工作表，默认包含三个工作表 Sheet1、Sheet2、Sheet3，分别显示在工作簿窗口的底部标签里。

链接

（1）工作簿有多种类型，每种类型都有自己的扩展名：Excel 2007 ～ 2010 工作簿扩展名为".xlsx"，Excel 97 ～ 2003 工作簿扩展名为".xls"，存储 VBA 宏代码的 Excel 工作簿扩展名为".xlsm"。

（2）一个工作簿默认情况下可以包含 255 张工作表，一张工作表最多可以有 1048576 行 16384 列。

【实训目的】

通过本实训任务，掌握工作表的基本操作，为下面进行数据计算分析打下坚实的基础。

【实训准备】

软硬件环境准备：Windows 7 操作系统；Excel 2010 电子表格处理软件。

操作者准备：做好课前复习。

【实验步骤】

1. 创建工作表　一个工作簿默认包含三张工作表，如果不够用，可以创建新的工作表。单击工作表区域中的"插入工作表"标签即可创建一个新的工作表，如图 4-4 所示。

2. 选择工作表　在工作表 Sheet2 标签上单击即可选择该工作表，如图 4-5 所示。

图 4-8 重命名工作表

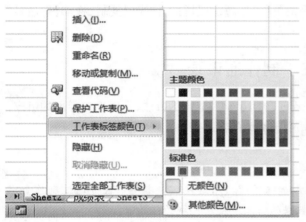

图 4-10 设置工作表标签颜色

图 4-11 标签设置成红色

6. 删除工作表 接上例，右击 Sheet2 标签，在弹出的快捷菜单中选择"删除"命令，如图 4-12 所示，删除 Sheet2 工作表后，"成绩表"变成当前工作表，如图 4-13 所示。

图 4-12 删除工作表

图 4-13 工作表删除后

【实训评价】

通过本实训任务，使学生熟练掌握工作表的基本操作和技巧，以达到巩固知识、拓展提高的目的。

【注意事项】

选择相邻的多张工作表时，首先单击需要选择的第一个工作表标签，然后按住键盘上的 Shift 键，单击准备同时选中的最后一张工作表标签，这样即可完成连续的多张工作表的选择。

选择不相邻的多张工作表，首先单击需要选择的第一个工作表标签，然后按住键盘上的 Ctrl 键，依次单击需要选中的其他工作表标签，这样即可完成不连续的多张工作表的选择。

【实训作业】

请利用模板快速创建一份"零用金报销单"工作簿，并进行工作表的复制、移动、重命名、设置工作表标签颜色等操作。

任务三　制作通讯录

通过本实训任务的练习，要求掌握 Excel 2010 启动及退出的方法，了解窗口界面的组成，掌握工作簿、工作表的基本操作以及常用数据类型的输入。

 案例设计

学生刚入校，迫切需要一份通讯录来加深了解，增进友谊。本实训任务通过制作全班通讯录，使学生掌握工作表中各种类型数据的输入以及填充柄的使用等操作。

讨论： 本任务以制作本班通讯录为例，在输入同学信息的同时，将所学知识与实际融会贯通，学以致用。

【实训目的】

1. 掌握工作簿、工作表的基本操作。

2. 掌握工作表中各种数据输入和修改的操作方法。

【实训准备】

软硬件环境准备：Windows 7 操作系统；Excel 2010 电子表格处理软件。

操作者准备：提前收集同学的基本信息，做好课前复习。

【实验步骤】

1. 启动 Excel 2010　启动 Excel 2010 后，系统自动新建一个名称为"工作簿 1"的工作簿，Sheet1 为系统默认的工作表，如图 4-14 所示。

2. 制作表头

（1）输入标题行：选中 A2 单元格，输入"序号"，再在 B2：G2 单元格中分别输入"学号"、"姓名"、"性别"、"年龄"、"出生日期"、"联系电话"等内容。

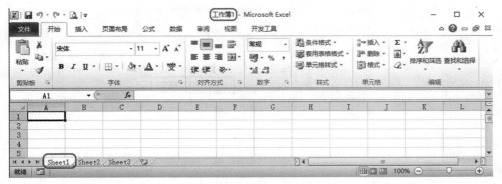

图 4-14　启动 Excel 2010

（2）输入标题：选中需要合并的单元格，在此我们选中 A1：G1 单元格区域，单击"开始"选项卡"对齐方式"组中的"合并后居中"按钮，即可合并单元格，如图 4-15 所示。双击合并后的单元格，输入标题"护理 15-1 班通讯录"。

图 4-15　合并单元格并输入标题

3. 重命名工作表　在工作表 Sheet1 标签上双击，使其显示为可编辑状态，见图 4-16，在工作表标签文本框中输入"通讯录"，按键盘上的 Enter 键，如图 4-17 所示。

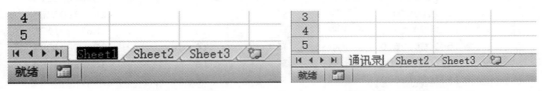

图 4-16　工作表重命名编辑状态　　　　　图 4-17　重命名工作表

4. 输入数据

（1）输入序号。对于序号这种有规律的数据，我们可以使用填充柄输入。单击 A3 单元格，在其中输入"1"，然后将鼠标指针置于 A3 单元格右下角，当鼠标指针变为"+"状时，按住鼠标左键向下拖动至目标位置释放鼠标，即可得到复制单元格的内容，再单击"自动填充选项"按钮，在展开的下拉列表中单击选中"填充序列"单选按钮，如图 4-18所示。

图 4-18   使用填充柄   图 4-19   输入学号

（2）输入学号。学号属于数字形式的字符串，由于其长度超过 11 位，若直接输入，系统会自动使用科学计数法来表示，因此，对于此类数据的输入，可以使用数字转文本的快捷方式来输入，即单击 B3 单元格，在其中输入"'1541020220001"，如图 4-19 所示。注意：双引号里的单引号是英文字符。余下同学的学号可以参照输入序号的步骤，使用填充柄来输入，不同的是由于学号不是数据型数据，使用填充柄时，学号不会自动递增，只能复制，因此，填充完之后，还需要手工修改末两位数字。

（3）"姓名"、"性别"、"年龄"和"联系电话"等数据直接输入即可。

（4）输入出生日期。出生日期属于日期时间型数据，在 Excel 中规定了一些不同形式的日期和时间格式，本例中我们统一采用"yyyy/mm/dd"格式，如图 4-20 所示。

序号	学号	姓名	性别	年龄	出生日期	联系电话
					护理15－1班通讯录	
1	154102022000	段玉霞	女	17	1999/5/23	15807212326
2	154102022000	冯雨婷	女	16		18637812315
3	154102022000	高艺菲	女	17		15037865213
4	154102022000	郜斯妍	女	17		18637806654
5	154102022000	各军军	女	16		18637801525
6	154102022000	郭双华	女	16		18637806596
7	154102022000	韩雨桐	女	16		13333784584
8	154102022000	杭嘉欣	女	16		18656996680
9	154102022000	郝宝钰	男	17		15837818850
10	154102022001	郝康飞	男	16		15837816364

图 4-20   输入出生日期

5. 保存工作簿

（1）打开"文件"选项卡，选择"保存"命令，第一次保存会弹出"另存为"对话框。

（2）选择工作簿的保存位置为"文档（E:）"，在"文件名"文本框中输入"通讯录"，单击"保存"按钮，见图 4-21。

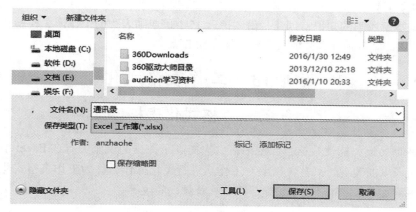

图 4-21 保存工作簿

6. 实训结果 上述操作完成后，文档效果见图 4-22，打开"文件"选项卡，选择"关闭"命令，完成本次实验任务。

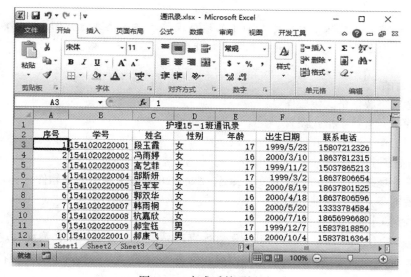

图 4-22 完成后的通讯录

【实训评价】

通过任务的完成，增加学生的成就感。主要考察读者对工作表基本操作的掌握情况以及对文本型数据、数值型数据和日期时间型数据输入的掌握情况。

【注意事项】

1. 在输入出生日期的时候，单元格可能会显示"#######"，这是由于输入的数字位数超过了单元格的宽度，这时我们只需将鼠标指针放在该列标边框线上不动，当鼠标指针呈现双向箭头时，拉宽该列即可。

2. 在输入电话号码的时候，我们输入"15807212326"，单元格可能会显示"1.5807E+10"，这是由于输入的数字位数超过了单元格的宽度，处理方法同上。

【实训作业】

请根据本章所学的知识，创建一份"护理 15-1 班成绩表"的工作簿，检验自己对常见数据类型输入的掌握情况，完成后将文件保存在 D 盘。

实训 13 工作表格式化

任务一 格式化表格

表格清晰易读，能让数据自己说话，大大提高了数据的说服力。在 Excel 中，为了使工作表看起来更加美观、规范，需要对工作表进行美化操作，称为工作表格式化，主要包括设置行高和列宽、字体、表格边框、工作表背景、底纹等。

 案例设计

在实际工作中，为了使工作表数据规范整洁、清晰易读，往往需要我们对工作表进行一些修饰。本任务是对医院库存药品盘存表中的文字、表格的行宽和列高、表格边框及颜色进行设置。

讨论： 表格的美化除了可以添加简单的边框或单元格底色进行美化，还可以将边框和底色相结合进行造型，以进一步美化表格，制作出与众不同的表格。

【实训目的】

1. 掌握表格数据格式化操作。

2. 掌握单元格数字格式设置。

3. 掌握工作表边框与底纹的设置。

【实训准备】

软硬件环境准备：Windows 7 操作系统；Excel 2010 电子表格处理软件。

操作者准备：做好课前复习。

【实验步骤】

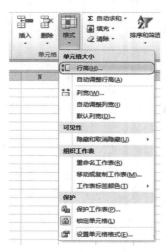

图 4-23 设置行高

打开"医院库存药品盘存表 .xlsx"工作簿文件。

1. 调整行高和列宽 系统默认的行高和列宽往往不能满足我们工作的需要，这时可以手工调整。

（1）自动调整行高：选定整个表格，在"开始"选项卡"单元格"组的"格式"下拉列表中单击"行高"命令，如图 4-23 所示。

（2）输入行高值：在弹出的对话框中输入数值 25，单击"确定"按钮，如图 4-24 所示。

（3）手工调整列宽：对于"序号"、"单位"这些宽度比较窄的字段，根据需要可以手工调整。以调整"序号"列为例，将鼠标指针放在 A 列与 B 列之间，鼠标指针会变成双向箭头形状，此时按下鼠标左键并拖动至合适位置即可，如图 4-25 所示。

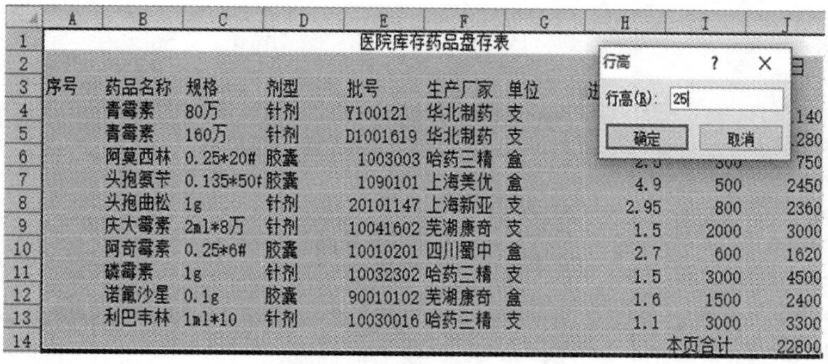

图 4-24　输入数值

图 4-25　调整列宽

2. 设置单元格字体、字号和颜色

（1）选定整个表格，在"开始"选项卡"字体"组中选择"字体"为"方正姚体"，"字号"为 12 号，见图 4-26。

（2）为了使工作表更加醒目、直观，这里对标题进行单独设置，将字号设为 16 号，文字颜色设置为"深红"，如图 4-27 所示。

图 4-26　设置字体格式

3. 设置单元格字体数字格式

根据应用习惯，金额所在列需要设置成数值型，保留两位小数，使用千位分隔样式。

（1）单击"J"选中"金额"所在列，右击该列，在弹出的快捷菜单中选择"设置单元格格式"命令，如图 4-28 所示。

（2）弹出"设置单元格格式"对话框，在"数字"选项卡中的"分类"列表框中选择"数值"类型，设定小数点位数为 2，选定"使用千位分隔符"复选框，如图 4-29 所示。

4. 设置工作表背景与边框

设置单元格和表格底纹就是对单元格和表格填充颜色，起到美化及强调文字的作用。

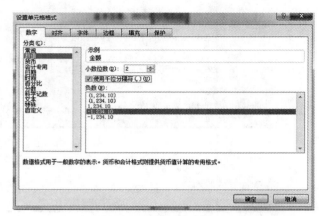

图 4-28　设置单元格格式　　　　　　　图 4-29　设置数值格式

　　（1）选中 A3：J14 单元格区域，右击该区域，在弹出的快捷菜单中选择"设置单元格格式"命令，弹出相应对话框，在"边框"选项卡中的"样式"列表框中选择线条的样式，这里选择"双实线"，单击"外边框"按钮，将外边框设置为"双实线"。再在"样式"列表框中选择"细实线"，单击"内部"按钮，将表格内部单元格的边框设置为细实线，如图 4-30所示。

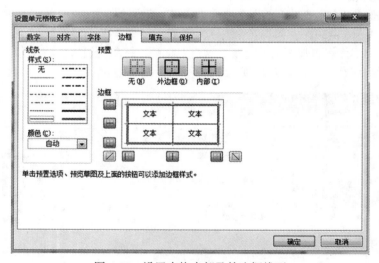

图 4-30　设置表格内部及外边框线型

　　（2）选中 A3：J3 单元格区域，右击该区域，在弹出的快捷菜单中选择"设置单元格格式"命令，弹出相应对话框，在"填充"选项卡中的"背景色"选项区选择淡蓝色，如图 4-31 所示，单击"确定"按钮。同理选中 A4：J14 单元格区域，设置填充色为"浅蓝"，如图 4-32 所示。

【实训评价】

　　通过本次上机练习，熟练掌握 Excel 2010 工作表的基础知识与操作技巧，提高学生对Excel 的学习兴趣。

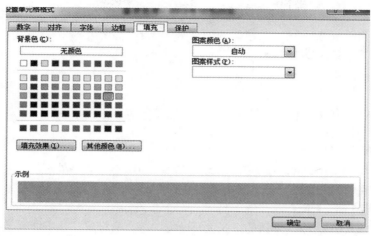

图 4-31 设置单元格背景色

序号	药品名称	规格	剂型	批号	生产厂家	单位	进价	数量	金额
1	青霉素	80万	针剂	Y100121	华北制药	支	0.38	3000	1,140.00
2	青霉素	160万	针剂	D1001619	华北制药	支	0.64	2000	1,280.00
3	阿莫西林	0.25*20#	散囊	1003003	哈药三精	盒	2.5	300	750.00
4	头孢氨苄	0.135*50#	散囊	1090101	上海美优	盒	4.9	500	2,450.00
5	头孢曲松	1g	针剂	20101147	上海新亚	支	2.95	800	2,360.00
6	庆大霉素	2ml*8万	针剂	10041602	芜湖康奇	支	1.5	2000	3,000.00
7	阿奇霉素	0.25*6#	散囊	10010201	四川蜀中	盒	2.7	600	1,620.00
8	磷霉素	1g	针剂	10032302	哈药三精	支	1.5	3000	4,500.00
9	诺氟沙星	0.1g	散囊	90010102	芜湖康奇	盒	1.6	1500	2,400.00
10	利巴韦林	1ml*10	针剂	10030016	哈药三精	支	1.1	3000	3,300.00
								本页合计	22,800.00

医院库存药品盘存表

盘存日期：2015年12月25日

图 4-32 工作表背景与边框设置效果

【注意事项】

在插入背景图片之后，"页面设置"组中的"背景"按钮会自动变成"删除背景"按钮，如果想更改背景图片，可以单击"删除背景"按钮，将当前背景删除，并重新设置背景图案。

【实训作业】

Excel 2010 内置了大量的表格与单元格样式，使用"开始"选项卡"样式"组中的"套用表格格式"功能设置工作表，可完成工作表美化的操作，检测一下你的学习效果。

任务二　页面设置

通过本任务的练习，使学生掌握 Excel 2010 页面设置与打印工作表的基础知识，包括设置纸张大小、方向、页边距、页眉与页脚和打印设置等。

 案例设计

为了便于保存和阅读，我们在制作完电子表格之后，经常需要打印输出。本任务仍以"医院库存药品盘存表"为例详细介绍页面设置与打印设置的操作方法。

讨论：

1. 怎样美化页眉与页脚？

2. 如何设置打印区域？

【实训目的】

1. 掌握 Excel 2010 页面设置的方法。

2. 熟悉打印机的设置方法。

【实训准备】

软硬件环境准备：Windows 7 操作系统；Excel 2010 电子表格处理软件。

操作者准备：做好课前复习。

【实验步骤】

1. 设置纸张大小　　系统默认的纸张大小、方向等页面设置往往不能满足我们工作的需要，这时我们可以手工调整。

（1）打开"医院库存药品盘存表 .xlsx"工作簿文件。

（2）单击"页面布局"选项卡，在"页面设置"组中单击"纸张大小"下拉按钮，如图 4-33 所示，从弹出的下拉列表中选择纸张类型，这里选择 A4 纸。

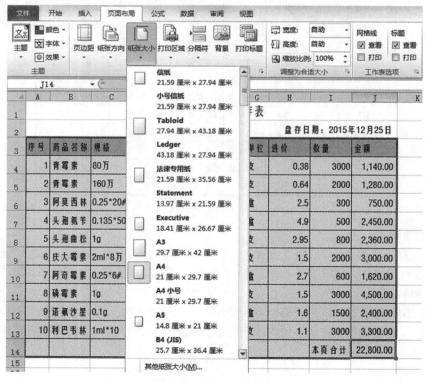

图 4-33　设置纸张大小

2. 设置纸张方向　　在"页面设置"组中单击"纸张方向"下拉按钮，从弹出的下拉列表中选择"纵向"选项，如图 4-34 所示。

3. 设置页边距　　设置页边距时，可在"页面设置"组中单击"页边距"下拉按钮，在下拉列表中选择已定义好的页边距。也可以选择"自定义边距"选项，在"页面设置"对话框的"页边距"选项卡中设置上边距为 3.5，下边距为 2.0，左、右边距均为 1.8，居中方式为"水平"，如图 4-35 所示。

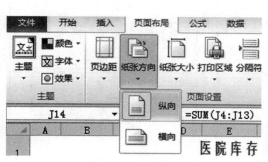

图 4-34　设置纸张方向

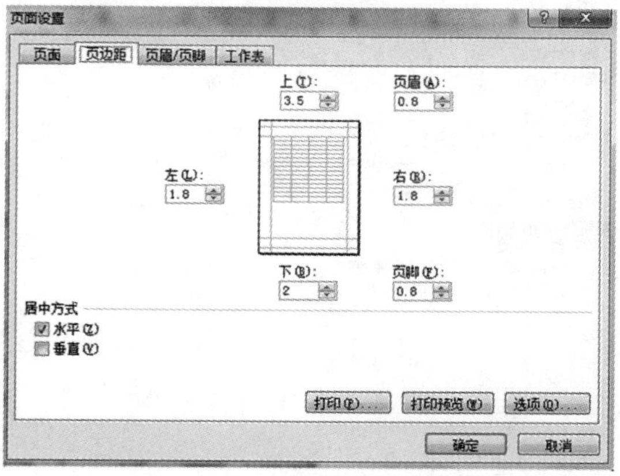

图 4-35　设置页边距

4. 设置页眉 / 页脚

（1）单击"页面设置"组右下角的灰色箭头按钮，打开"页面设置"对话框，切换至"页眉 / 页脚"选项卡，单击"自定义页眉"按钮，打开"页眉"对话框，在下方的"左"编辑框中输入"医院年终库存药品盘存表"，单击"确定"按钮返回，如图 4-36 所示。

图 4-36　设置页眉

（2）单击"自定义页脚"按钮，打开"页脚"对话框，在下方的"右"编辑框中单击，然后单击中间的"插入页码"按钮，单击"确定"按钮完成设置，如图 4-37 所示。

图 4-37　设置页脚

5. 打印输出

在对工作表设置完成之后，就可以进行打印操作了。单击"文件"选项卡，选择"打印"命令，在窗口右侧是打印预览结果，在窗口左侧可以设置打印份数、页数、单面或双面打印等，设置完成后单击"打印"按钮，如图 4-38 所示。

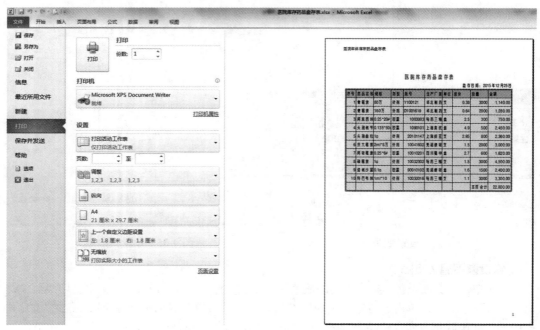

图 4-38　打印设置

【实训评价】

通过本次上机练习，使学生熟练掌握 Excel 2010 页面设置和打印设置的操作，使"医院库存药品盘存表"达到最佳打印效果。

【注意事项】

在插入页眉 / 页脚之后，在编辑状态下是不可见的，有两种查看方式：一是通过打印预览功能查看，二是通过单击"视图"选项卡"工作簿视图"组中的"页面布局"按钮查看。

【实训作业】

使用"插入"选项卡"文本"组中的"页眉和页脚"功能来完成设置页眉 / 页脚的操作，考察一下你探索学习的能力。

实训 14　公式与函数的使用

任务一　公式的输入、复制及显示

Excel 2010 作为数据处理工具，具有强大的计算功能，通过本节的练习，要求学生熟练掌握 Excel 公式的基本使用方法。

案例设计

本任务通过对学生成绩表每生各科成绩求和，使学生掌握公式的输入、修改、复制及结果显示的操作方法。

讨论：我们在复制公式时经常会用到绝对引用、相对引用和混合引用，讨论三者对公式复制后运算结果的影响。

 链接

Excel 公式是工作表中进行数值计算的等式。公式是由常量、单元格引用、函数和运算符组成的字符串，公式输入是以"="开始的。公式可以对工作表中的数据进行加、减、乘、除等运算。

【实训目的】

1. 掌握 Excel 2010 公式的输入方法。

2. 掌握 Excel 2010 公式的修改方法。

3. 掌握 Excel 2010 公式的复制方法。

【实训准备】

软硬件环境准备：Windows 7 操作系统；Excel 2010 电子表格处理软件。

操作者准备：做好课前复习。

【实验步骤】

1. 公式的输入　在 Excel 2010 工作表中，输入公式可以在单元格中，也可以在编辑栏中进行。

（1）打开"学生成绩统计表 .xlsx"工作簿文件。

（2）双击 H3 单元格，输入公式"=E3+F3+G3"，按回车键确认，即可显示运算结果，如图 4-39 所示。

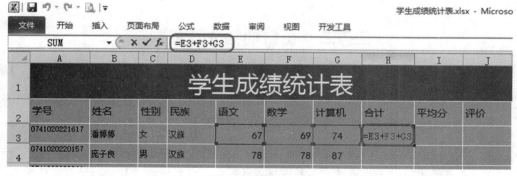

图 4-39　输入公式

2. 修改公式　在 Excel 2010 工作表中，如果公式输错了，可以先单击公式所在的单元格，然后在编辑栏中进行修改，按回车键确认。

3. 复制公式　在本例中，需要对每个学生的三门成绩求和，因此，可以利用 Excel 2010 填充柄功能实现公式的快速复制。操作方法如下。

单击 H3 单元格，鼠标指针指向单元格右下角填充柄位置，按住鼠标左键向下拖动至目标位置，释放左键即可完成公式的复制，如图 4-40 所示。

【实训评价】

通过实训任务，使学生掌握公式的概念、公式的组成、运算符以及单元格的引用，培养学生善于思考、敢于动手、自主探究的能力。

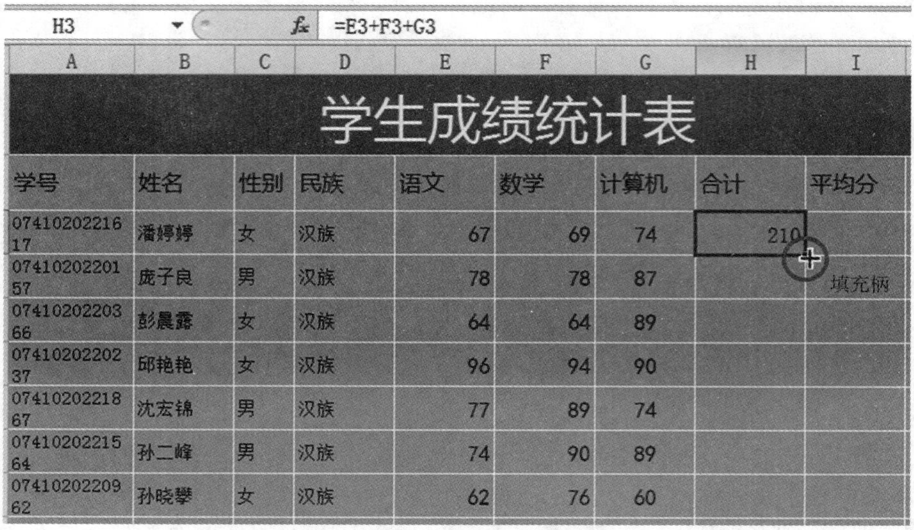

H3	▼	f_x =E3+F3+G3

学生成绩统计表

学号	姓名	性别	民族	语文	数学	计算机	合计	平均分
0741020221617	潘婷婷	女	汉族	67	69	74	210	
0741020220157	庞子良	男	汉族	78	78	87		填充柄
0741020220366	彭晨露	女	汉族	64	64	89		
0741020220237	邱艳艳	女	汉族	96	94	90		
0741020221867	沈宏锦	男	汉族	77	89	74		
0741020221564	孙二峰	男	汉族	74	90	89		
0741020220962	孙晓攀	女	汉族	62	76	60		

图 4-40　利用填充柄复制公式

【注意事项】

对于不连续的单元格，若要复制单元格公式，可以采用以下方式：单击准备复制的单元格，按下键盘上的 Ctrl+C 组合键，然后单击目标单元格，按下组合键 Ctrl+V，实现单元格公式的复制操作。

【实训作业】

打开"学生成绩统计表 .xlsx"工作簿文件，使用输入公式的方法计算出每名学生的平均成绩。

任务二　函数的插入及复制

通过本任务的解决，掌握 Excel 2010 函数的基本使用方法，让学生在自主学习的情况下，较快地掌握所学知识，激发学生学习的欲望，为下面进行复杂的计算与分析打下基础。

 案例设计

本实训任务通过对学生成绩表各科成绩求最高分、最低分和平均分的练习，使学生在自己关心、熟悉的情境中，学会电子表格中一些常用的函数的基本操作方法。

讨论：在 Excel 中函数的许多功能可以用公式解决，讨论公式与函数的区别。

【实训目的】

1. 掌握 Excel 2010 插入函数的方法。

2. 掌握 Excel 2010 复制函数的方法。

【实训准备】

软硬件环境准备：Windows 7 操作系统；Excel 2010 电子表格处理软件。

操作者准备：做好课前复习。

【实验步骤】

1. 插入 MAX( ) 函数

（1）打开"学生成绩统计表 .xlsx"工作簿文件。

（2）首先双击 D13 单元格，输入"最高分"，单击 E13 单元格，然后选择"公式"选项卡"函数库"组，单击"自动求和"下拉按钮，选择"最大值"命令，如图 4-41 所示，在 E13 单元格中出现公式"=MAX（E3：E12）"，如图 4-42 所示，按回车键即可显示运算结果。

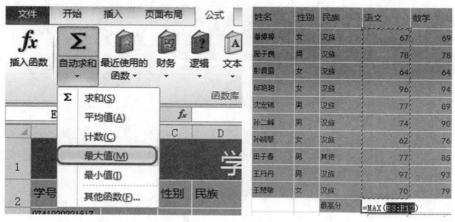

图 4-41 选择"最大值"命令　　　　图 4-42 计算区域

2. 复制函数 在本例中，对另外两门课程求最大值执行的是同样的操作，因此，可以利用 Excel 2010 填充柄功能实现函数的快速复制。操作方法如下。

单击 E13 单元格，鼠标指针指向单元格右下角填充柄位置，按住鼠标左键向右拖动至 G13 单元格位置，释放左键即可完成公式的复制。

3. 插入 AVERAGE( ) 函数

（1）单击 I3 单元格，然后单击"公式"选项卡"函数库"组中的"插入函数"按钮，弹出"插入函数"对话框，在该对话框中"或选择类别"下拉列表框中选择"常用函数"选项，在"选择函数"列表框中选择"AVERAGE"选项，如图 4-43 所示，单击"确定"按钮，弹出"函数参数"对话框，在 Number1 文本框中输入计算区域"E3：G3"，如图 4-44 所示，单击"确定"按钮。

（2）将鼠标指针指向 I3 单元格填充柄位置，按住左键向下拖动至 I12 单元格位置，释放左键即可完成其他同学平均分的计算。

【实训评价】

通过任务的解决，掌握函数的功能、操作方法以及参数输入、使用时的注意事项等，让学生对函数有深刻的了解，以起到对其他函数触类旁通的作用。

【注意事项】

在 Excel 2010 工作表中，插入函数的方法有三种：

（1）使用插入函数向导插入函数；

（2）使用"函数库"组中的功能按钮插入函数；

（3）手工输入函数。

【实训作业】

打开"学生成绩统计表 .xlsx"工作簿文件，使用输入公式的方法计算出各科成绩的最低分。

计算机应用基础实训指导

图 4-43　插入函数

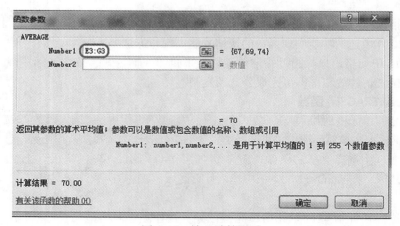

图 4-44　输入计算区域

任务三　公式与函数的综合应用

通过本任务的练习，使学生掌握公式与函数的综合运用，体验利用 Excel 2010 公式与函数强大的计算功能替代手工计算所带来的乐趣，从而激发学生学习的热情。

　案例设计

班级评选"三好学生"需要参考学习成绩，对于班级成绩需要进一步统计处理，根据每位学生总成绩进行综合评定，规定：总分大于 260 分为优秀，总分为 225 ～ 260 为良好，总分小于 225 分为合格。

讨论： 通过实训，了解 Excel 初步数据处理的知识，掌握利用公式与函数解决简单实际问题的方法。学生能获得 Excel 数据处理能力，增强计算机应用的实际动手能力。使学生初步具备分析数据、处理数据的能力。

【实训目的】

1. 掌握 if() 函数的使用方法。

2. 掌握 countif() 函数的使用方法。

3. 掌握 count() 函数的使用方法。

4. 培养学生综合运用所学知识解决实际问题的能力。

【实训准备】

软硬件环境准备：Windows 7 操作系统；Excel 2010 电子表格处理软件。

操作者准备：与任课教师联系，提前取得本班各门课考试成绩。

【实验步骤】

1. 插入函数

（1）打开"学生成绩统计表 .xlsx"工作簿文件。

（2）首先双击 J3 单元格，输入公式"=IF（H3 ＞ =260，" 优秀 "，IF（H3 ＞ =225，" 良好 "，" 合格 "))"，按回车键确认，即可显示判断结果，如图 4-45 所示。

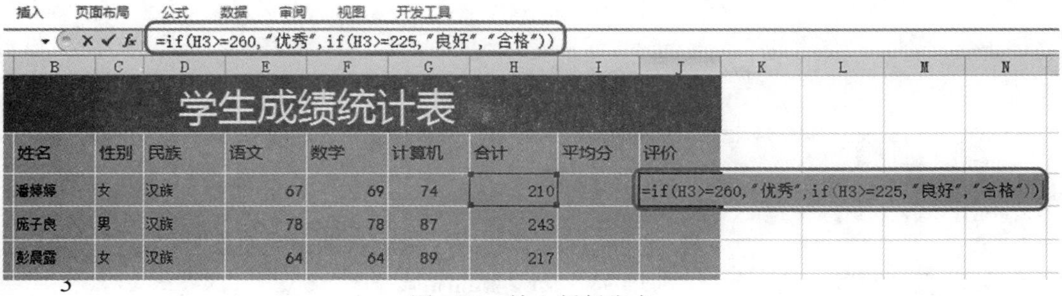

图 4-45　输入判断公式

（3）复制函数。单击 J3 单元格，鼠标指针指向单元格右下角的填充柄位置，按住鼠标左键向下拖动至 J12 单元格，释放左键即可完成成绩等级的判断，如图 4-46 所示。

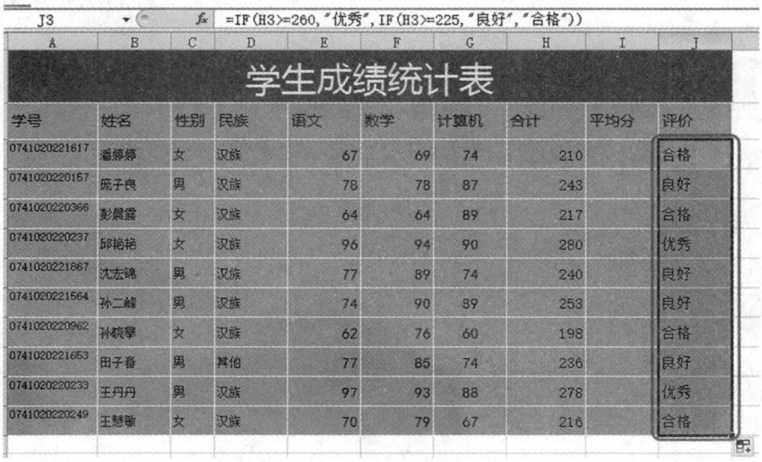

图 4-46　利用填充柄复制函数

图 4-47　输入公式

2. 计算优秀人数

（1）双击 I13 单元格，输入"优秀人数"。

（2）双击 J13 单元格，输入公式 "=COUNTIF（J3：J12，"优秀"）"，按回车键确认，即可显示优秀人数，如图 4-47 所示。

3. 计算优秀率

（1）双击 I14 单元格，输入"优秀率"。

（2）在 J14 单元格上右击，在弹出的快捷菜单中选择"设置单元格格式"命令，打开"设置单元格格式"对话框，在"数字"选项卡的"分类"列表框中选择"百分比"选项，单击"确定"按钮，如图 4-48 所示。

图 4-48　设置单元格格式

（3）双击 J13 单元格，输入公式 "=J13/COUNT（H3：H12）"，如图 4-49 所示，按回车键确认，即可显示优秀率，如图 4-50 所示。

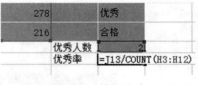

图 4-49　输入公式

【实训评价】

Excel 函数其实是一些预定义的公式，使用函数可以实现数据的自动处理和计算。通过实训，使学生学习到相关的信息技术知识和操作技能，进而培养学生的动手实践能力和信息处理能力。

【注意事项】

1. 使用插入函数向导输入函数。

2. 在输入函数与公式时，首先要输入"="，然后输入函数名，最后在括号中输入相应的参数。

3. IF 函数允许多重嵌套，可以构成复杂的判断。

【实训作业】

打开"学生成绩统计表 .xlsx"工作簿文件，修改部分学生的成绩，计算不及格率。

学生成绩统计表									
学号	姓名	性别	民族	语文	数学	计算机	合计	平均分	评价
0741020221617	潘婷婷	女	汉族	67	69	74	210		合格
0741020220157	庞子良	男	汉族	78	78	87	243		良好
0741020220366	彭晨露	女	汉族	64	64	89	217		合格
0741020220237	邱艳艳	女	汉族	96	94	90	280		优秀
0741020221867	沈宏锦	男	汉族	77	89	74	240		良好
0741020221564	孙二峰	男	汉族	74	90	89	253		良好
0741020220962	孙晓琴	女	汉族	62	76	60	198		合格
0741020221653	田子春	男	其他	77	85	74	236		良好
0741020220233	王丹丹	男	汉族	97	93	88	278		优秀
0741020220249	王慧敏	女	汉族	70	79	67	216		合格
								优秀人数	2
								优秀率	20.00%

图 4-50　显示优秀率

实训 15　图表使用

任务一　创建图表

图表能够使枯燥的数据更加直观化、形象化，通过图表可以使人们迅速对数据产生总体上的认识，因此，在现实生活中图表得到了广泛应用。通过本任务的练习，掌握 Excel 2010 创建图表的方法，熟悉图表的组成元素。

 案例设计

通过学籍管理部门提供的"2015 年开封市卫生学校在校生年龄及性别统计表"工作簿文件，创建一个柱形图，使学生掌握创建图表的基本步骤。

讨论：讨论图表跟数据有何关系，在理解二者关系的基础上，学习创建图表时如何正确选择数据源。常见图表类型的选取原则：侧重表现数据之间的大小变化时可选择柱形图；折线图主要反映数据随时间发生变化的趋势情况；而饼图能清楚地表示出各部分在总体中所占的比例。

【实训目的】
1. 掌握柱形图的创建步骤。
2. 熟悉图表的组成元素。

【实训准备】
软硬件环境准备：Windows 7 操作系统；Excel 2010 电子表格处理软件。
操作者准备：做好课前复习。

【实验步骤】
（1）打开"2015 年开封市卫生学校在校生年龄及性别统计表"工作簿文件，选中用于创建图表的数据源区域 A2：G4，如图 4-51 所示。

图 4-51　选取数据源区域

（2）切换到"插入"选项卡，在"图表"组中单击"柱形图"按钮，在弹出的下拉列表中选择"三维簇状柱形图"，见图 4-52，即可插入图 4-53 所示的图表。

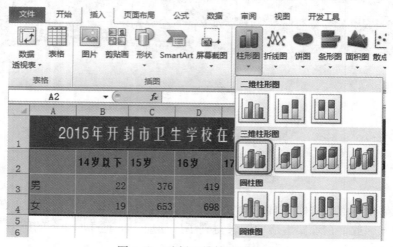

图 4-52　选择三维簇状柱形图

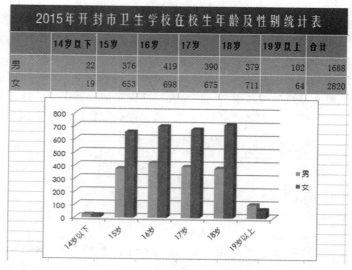

图 4-53　三维簇状柱形图

【实训评价】

图表来源于表格数据，却能更直观、清晰地反映数据的含义。通过本次实训，理解并掌握图表（柱形图、折线图和饼图）类型的选择。

【注意事项】

在创建图表时，首先要分析数据源的特点和使用要求，并根据不同类型图表的表现特征选择适合的图表。

【实训作业】

1.请根据"2015年开封市卫生学校在校生年龄及性别统计表"工作簿文件创建一个饼图。

2.请说明嵌入式图表和单独工作表图表两种类型图表的建立方法。

任务二　图表的编辑与格式化

通过本任务的练习，掌握 Excel 图表的基本编辑方法以及格式化操作，具有在实际应用中根据需要灵活修饰工作表的能力。

 案例设计

通过对"2015年开封市卫生学校在校生年龄及性别统计表"柱形图的实训操作，使学生掌握图表编辑与格式化的基本步骤。

讨论：在数据处理中，通过生动、直观的图表可以发现数据之间的关系和数据的发展趋势，讨论怎样根据源数据选择最适合的图表类型。

【实训目的】

1.掌握图表编辑的基本方法。

2.掌握图表格式化的方法。

【实训准备】

软硬件环境准备：Windows 7 操作系统；Excel 2010 电子表格处理软件。

操作者准备：做好课前复习。

【实验步骤】

1.移动图表　打开任务一所创建的图表，单击图表使其处于可编辑状态，将鼠标指针移至图表区当其变成四个方向箭头时拖动鼠标即可移动图表，如图 4-54 所示。

2.改变图表大小　单击图表，将鼠标指针指向图表四个角上，当指针变成双向箭头时，拖动鼠标可调整图表大小，如图 4-55 所示。

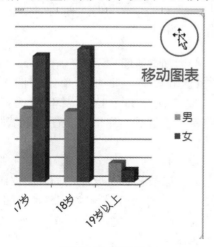

图 4-54　移动图表

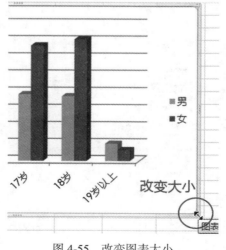

图 4-55　改变图表大小

3. 添加图表标题 单击图表,选择"图表工具"的"布局"选项卡,在"标签"组中单击"图表标题"按钮,在弹出的下拉列表中选择"图表上方"命令,如图 4-56 所示。在"图表标题"文本框中输入"2015 年在校生年龄及性别统计表",单击"开始"选项卡,在"字体"组中设置字体为方正姚体,字号为 18,字体颜色设置为褐色,见图 4-57。

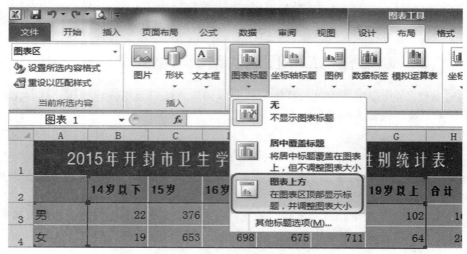

图 4-56 添加图表标题

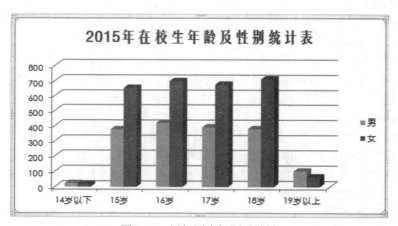

图 4-57 添加图表标题后效果

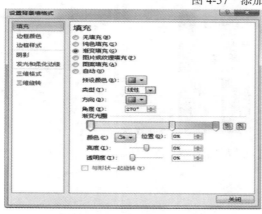

图 4-58 设置背景墙填充色

4. 添加背景墙

(1)在"背景"组中单击"图表背景墙"按钮,在其下拉列表框中选择"其他背景墙"选项,弹出"设置背景墙格式"对话框。

(2)在"填充"选项区中选中"渐变填充"单选按钮,预设颜色为"羊皮纸",类型为"线性",方向为"线性向上",如图 4-58 所示。单击"关闭"按钮,即可为图表添加背景墙,效果如图 4-59 所示。

2015年开封市卫生学校在校生年龄及性别统计表							
	14岁以下	15岁	16岁	17岁	18岁	19岁以上	合计
男	22	376	419	390	379	102	1688
女	19	653	698	675	711	64	2820

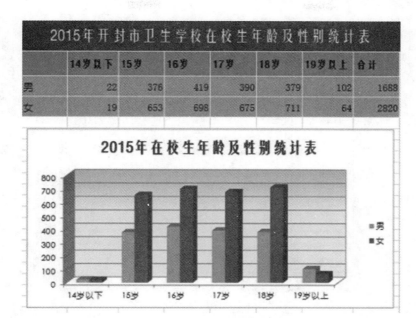

图 4-59 背景墙设置效果

5. 图表格式化

（1）图表区格式化。将鼠标指针指向图表区并双击，打开"设置图表区格式"对话框，在"填充"选项区中选择"纯色填充"，颜色为"橄榄色，强调文字颜色4，淡色60%"，效果如图 4-60 所示。

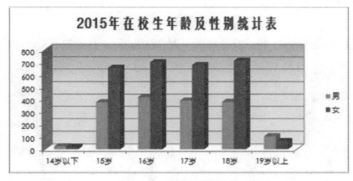

图 4-60 图表区格式化

（2）绘图区格式化。将鼠标指针指向绘图区并双击，打开"设置绘图区格式"对话框，在"阴影"选项区中设置透明度为 60%，大小为 100%，虚化为"4 磅"，如图 4-61 所示。

链接

图表的格式化操作，除了上述方法，还可使用"布局"功能区的"当前所选内容"组中的功能进行准确定位并设置所选内容格式，同样可以得到既专业又美观的工作表图表。

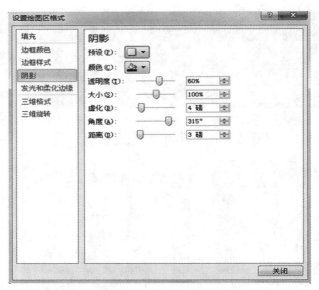

图 4-61　绘图区格式化设置

【实训评价】

通过本实训任务，使学生了解到一个好的表格既要绘制标准，还要兼顾美观。要求学生不仅要熟练掌握创建图表的一般过程，还要掌握图表的格式化操作。

【注意事项】

图表的格式化操作是非常方便的，想对哪个图表项进行修改，只需要双击该图表项打开相应的对话框，然后进行相应的设置即可。

【实训作业】

在上例基础上删除网格线，更改女生柱形图为"玫瑰红"，并添加阴影，效果如图 4-62 所示。

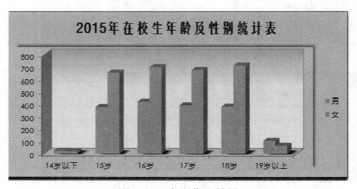

图 4-62　实训作业效果

实训 16　数 据 分 析

任务一　成绩单排序

通过本任务的练习，掌握 Excel 2010 数据排序的方法，包括简单排序和多关键字排序。使学生在实训过程中体验用 Excel 进行数据排序的快捷与方便。

考试结束了，老师需要对每个学生的总分进行排序，并和上学期成绩进行对比，看哪些学生学习进步了，哪些学生成绩下降了。本实训任务将学生自己的数据融入创设的学习环境中，更易激发学生的学习兴趣。

讨论：Excel 2010 具有强大的数据管理功能，可以轻松实现对数据的按条件排序，本任务要求学生理解"主要关键字"和"次要关键字"的概念。讨论生活中哪些方面可以用到数据排序功能。

【实训目的】

1. 掌握 Excel 2010 数据排序的方法。

2. 掌握主要关键字和次要关键字的概念。

【实训准备】

软硬件环境准备：Windows 7 操作系统；Excel 2010 电子表格处理软件。

操作者准备：提前准备好本学期学生的考试成绩表，做好课前复习。

【实验步骤】

1. 简单排序　简单排序就是按照单列的数值进行排序。

（1）打开"学生成绩统计表 .xlsx"工作簿文件。

（2）单击数据表中 H 列的任意一个单元格。

（3）切换到"数据"选项卡，在"排序和筛选"组中单击"降序"按钮，所有记录都会按照总分由高分到低分排列，如图 4-63 所示。

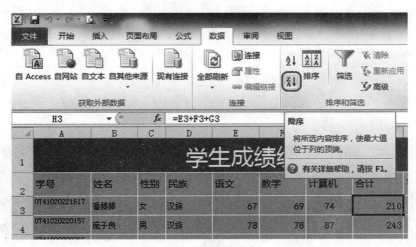

图 4-63　简单排序

2. 多关键字排序　多关键字排序就是按照两个以上的关键字进行排序的方法。在上例中，我们发现表中有两名学生总分都是 217 分，我们规定：总分相同的情况下，比较语文成绩，谁的分高，谁排在前面。具体操作如下。

（1）接上例，在数据表中单击任意一个单元格。

（2）切换到"数据"选项卡，在"排序和筛选"组中单击"排序"按钮，弹出"排序"对话框，如图 4-64 所示。

图 4-64　　"排序"对话框

（3）在"排序"对话框的"主要关键字"下拉列表框中选择"合计"选项，"排序依据"用默认的"数值"，"次序"选择"降序"。

（4）单击"添加条件"按钮，在"主要关键字"下方会增加一行"次要关键字"，在其下拉列表框中选择"语文"选项，"排序依据"用默认的"数值"，"次序"选择"降序"，如图 4-65 所示，排序后的效果如图 4-66 所示。

【实训评价】

本任务要求学生掌握数据的排序方法，使学生具有利用 Excel 有效地组织和管理数据的能力。

图 4-65　设置多关键字排序

学生成绩统计表

学号	姓名	性别	民族	语文	数学	计算机	合计	平均分	评价
0741020220237	邱艳艳	女	汉族	96	94	90	280		
0741020220233	王丹丹	男	汉族	97	93	88	278		
0741020221564	孙二峰	男	汉族	74	90	89	253		
0741020220157	庞子良	男	汉族	78	78	87	243		
0741020221867	沈宏锦	男	汉族	77	89	74	240		
0741020221653	田子春	男	其他	77	85	74	236		
0741020220249	王慧敏	女	汉族	70	79	68	217		
0741020220366	彭晨翥	女	汉族	64	64	89	217		
0741020221617	潘婷婷	女	汉族	67	69	74	210		
0741020220962	孙晓琴	女	汉族	62	76	60	198		

图 4-66　排序后的效果

【注意事项】

Excel 默认对光标所在的连续数据区域进行排序。连续数据区域是指该区域内没有空行或空列。

在 Excel 2010 中进行多关键字排序时，最多支持 64 个关键字。

【实训作业】

打开"学生成绩统计表 .xlsx"工作簿文件，对语文成绩分别按升序和降序排序，对于语文成绩分数相同的，再按数学成绩排序。

任务二　成绩单筛选

从 Excel 工作表中将满足条件的数据记录筛选出来是我们生活中经常用到的功能，通过本任务的练习，掌握 Excel 2010 数据筛选的方法，包括自动筛选和高级筛选。

 案例设计

老师要选拔一部分学生参加计算机知识竞赛，选拔条件是计算机单科成绩大于 85 分，同时合计分大于 260 分。

讨论：在实际操作中解决数据筛选这类问题时，我们只有把握问题的关键，正确理解多个筛选条件之间的"与"、"或"逻辑关系，才能选用简便、正确的操作方法来解决问题。

【实训目的】

1. 掌握 Excel 2010 数据自动筛选的方法。

2. 掌握 Excel 2010 数据高级筛选的方法。

3. 理解"与"、"或"的逻辑关系。

【实训准备】

软硬件环境准备：Windows 7 操作系统；Excel 2010 电子表格处理软件。

操作者准备：提前准备好本学期学生的考试成绩表，做好课前复习。

【实验步骤】

1. 自动筛选

（1）打开"学生成绩统计表 .xlsx"工作簿文件。

（2）单击数据表中的任意一个单元格。

（3）切换到"数据"选项卡，在"排序和筛选"组中单击"筛选"按钮，此时每一列字段名右侧都会出现一个下拉按钮，如图 4-67 所示。

图 4-67　可筛选状态

图 4-68　数据筛选

（4）单击"性别"字段右侧的下拉按钮，在下拉列表中勾选性别"男"，如图 4-68 所示，单击"确定"按钮，筛选结果如图 4-69 所示。

2. 自定义筛选

（1）接上例，单击"数学"字段右侧的下拉按钮，在其下拉列表中选择"数字筛选"子列表中的"自定义筛选"命令，如图 4-70 所示。

（2）在"自定义自动筛选方式"对话框中输入筛选条件：数学成绩大于 85 且小于 95，如图 4-71 所示，单击"确定"按钮即可显示筛选结果，如图 4-72 所示。

3. 高级筛选　一般用于条件较复杂的筛选操作，其筛选结果可显示在原数据表格中，不符合条件的记录被隐藏起来；也可以在新的位置显示筛选结果。

（1）打开"学生成绩统计表 .xlsx"工作簿文件。

	学生成绩统计表								
	学号	姓名	性别	民族	语文	数学	计算机	合计	平均分	评价
4	0741020220157	庞子良	男	汉族	78	78	87	243		
7	0741020221867	沈宏锦	男	汉族	77	89	74	240		
8	0741020221564	孙二峰	男	汉族	74	90	89	253		
10	0741020221653	田子春	男	其他	77	85	74	236		
11	0741020220233	王丹丹	男	汉族	97	93	88	278		

图 4-69　数据筛选结果

图 4-70　自定义筛选

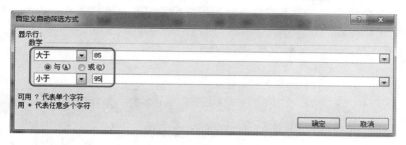

图 4-71　输入筛选条件

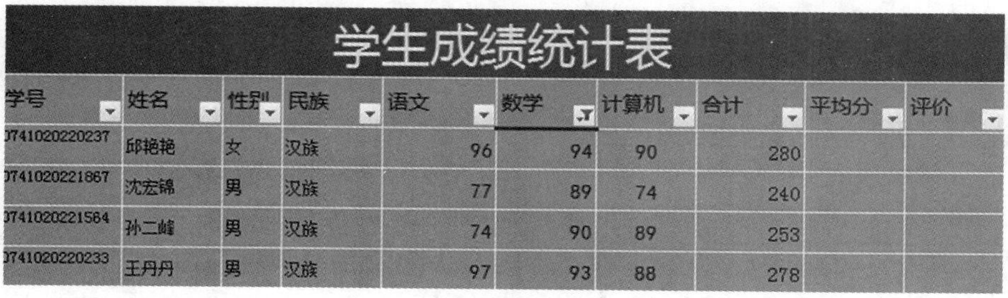

图 4-72　筛选结果

（2）建立条件区域，在表格中的空白区域，第一行输入需要筛选的字段名称，第二行输入条件，如图 4-73 所示。

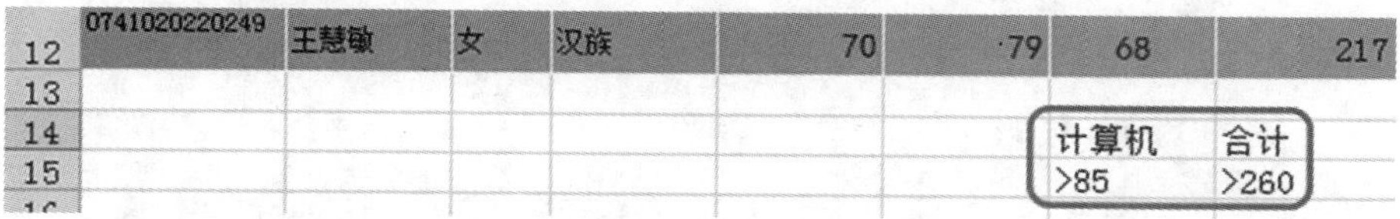

图 4-73　设置条件区域

（3）选中表中任意单元格，在"数据"选项卡"排序和筛选"组中单击"高级"按钮，弹出"高级筛选"对话框，如图 4-74 所示。

（4）在"方式"选项区中选中"将筛选结果复制到其他位置"单选按钮。

（5）在"列表区域"文本框中会自动显示"A2：J12"，表示将 A2：J12 单元格区域作为筛选区域，我们不需修改。

（6）在"条件区域"文本框中输入条件区域"G14：H15"，或者单击"折叠对话框"按钮，拖动鼠标选择设置好的条件区域，如图4-75 所示。

图 4-74　"高级筛选"对话框

（7）在"复制到"文本框中输入筛选结果的存放位置，如图 4-76 所示。

（8）单击"确定"按钮即可显示筛选结果，如图 4-77 所示。

链接

高级筛选的条件区域应该至少有两行，第一行用来放置列标题，第二行用来放置筛选条件，在筛选条件的设置中，同一行上的条件认为是“与”逻辑关系，而不同行上的条件认为是“或”逻辑关系。

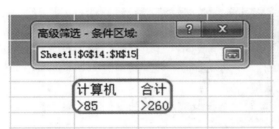

图 4-75　选择条件区域

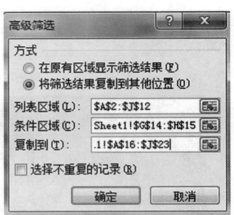

图 4-76　设置高级筛选参数

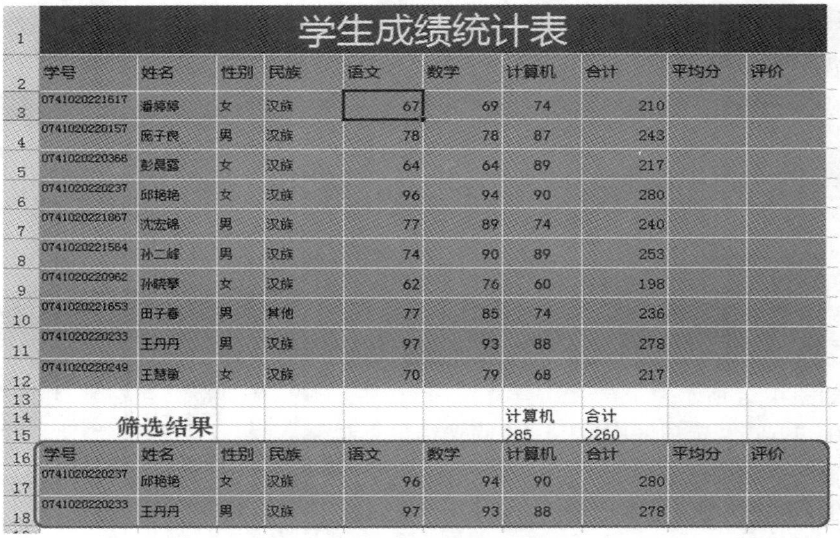

1	学生成绩统计表									
2	学号	姓名	性别	民族	语文	数学	计算机	合计	平均分	评价
3	0741020221617	潘婷婷	女	汉族	67	69	74	210		
4	0741020220157	庞子良	男	汉族	78	78	87	243		
5	0741020220366	彭晨露	女	汉族	64	64	89	217		
6	0741020220237	邱艳艳	女	汉族	96	94	90	280		
7	0741020221867	沈宏锦	男	汉族	77	89	74	240		
8	0741020221564	孙二峰	男	汉族	74	90	89	253		
9	0741020220962	孙晓琴	女	汉族	62	76	60	198		
10	0741020221653	田子春	男	其他	77	85	74	236		
11	0741020220233	王丹丹	男	汉族	97	93	88	278		
12	0741020220249	王慧敏	女	汉族	70	79	68	217		
13										
14		筛选结果					计算机	合计		
15							>85	>260		
16	学号	姓名	性别	民族	语文	数学	计算机	合计	平均分	评价
17	0741020220237	邱艳艳	女	汉族	96	94	90	280		
18	0741020220233	王丹丹	男	汉族	97	93	88	278		

图 4-77　筛选结果

【实训评价】

通过本实训任务使学生熟练掌握自动筛选和高级筛选的操作方法，并能解决日常学习和工作中遇到的实际问题。

【注意事项】

1. 条件区域的标题格式与筛选区域的标题格式要完全一致。

2. 数据清单中避免存在空行和空列。

3. 在输入筛选条件时，运算符、通配符等必须是半角字符。

4. 在“高级筛选”对话框中，“列表区域”、“条件区域”和“复制到”文本框中都应输入绝对地址。

【实训作业】

打开"学生成绩统计表 .xlsx"工作簿文件，对总分小于 250 分，并且语文成绩小于 75 分、数学成绩小于 70 分的学生进行筛选。

任务三　数据分类汇总

数据分类汇总是 Excel 常用的功能之一，它是按照某个字段进行分类，对数据列表中某些字段的取值进行统计计算，如分类求和、分类求平均值等。通过本任务的练习，使学生理解分类汇总的概念，掌握数据分类汇总的方法。

 案例设计

假如你是某医院的高层管理人员，需要了解本医院各部门工作人员的工资水平以及各科人员工资之和占全院工资的比例，你该如何操作呢？可以应用数据汇总功能来实现。

讨论：Excel 2010 具有强大的数据管理功能，分类汇总是它常用的功能之一，本任务要求学生理解分类汇总的概念，在分类汇总时，首先要对分类汇总的字段进行排序，这一点容易被忽略，具体按什么字段进行分类，需要自己分析、判断。

【实训目的】

1.理解分类汇总的概念。

2.掌握建立、清除分类汇总的方法。

3.掌握明细数据显示层次的控制。

【实训准备】

软硬件环境准备：Windows 7 操作系统；Excel 2010 电子表格处理软件。

操作者准备：提前到学校财务科联系，自己动手做一份职工工资表，做好课前复习。

【实验步骤】

（1）打开"职工工资表 .xlsx"工作簿文件。

（2）单击"部门"单元格，在"数据"选项卡"排序和筛选"组中单击"升序"按钮，使数据按"部门"升序排序，如图 4-78 所示。

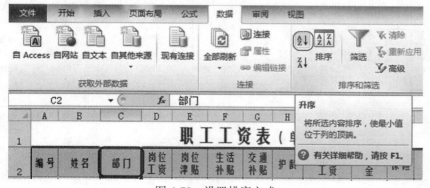

图 4-78　设置排序方式

（3）选择"数据"选项卡，在"分级显示"组中单击"分类汇总"按钮，弹出"分类汇总"对话框，在"分类字段"下拉列表中选择"部门"选项，"汇总方式"选择"求和"，"选定汇总项"选择"实发工资"，如图 4-79 所示。

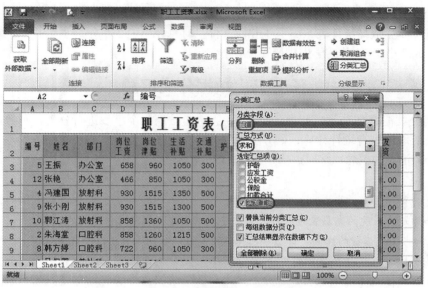

图 4-79　设置分类汇总方式

（4）单击"确定"按钮完成分类汇总，如图 4-80 所示。

1 2 3	A	B	C	D	E	F	G	H	I	J	K	L	M
				职 工 工 资 表（单位：元）									
	编号	姓名	部门	岗位工资	岗位津贴	生活补贴	交通补贴	护龄	应发工资	公积金	保险	扣款合计	实发工资
	5	王振	办公室	658	960	1050	300		2968.00	30	18	48	2920.00
	12	张艳	办公室	466	850	1050	300		2666.00	20	11	31	2635.00
			办公室 汇总										5555.00
	4	冯建国	放射科	930	1515	1350	500		4295.00	50	24	74	4221.00
	9	张小刚	放射科	930	1515	1300	500		4245.00	50	24	74	4171.00
	10	郭江涛	放射科	858	1360	1050	500		3768.00	50	20	70	3698.00
			放射科 汇总										12090.00
	2	朱海堂	口腔科	858	1260	1215	500		3833.00	50	20	70	3763.00
	8	韩方婷	口腔科	722	960	1050	300		3032.00	30	16	46	2986.00
			口腔科 汇总										6749.00
	3	马保国	普外科	858	1360	1250	500		3968.00	50	20	70	3898.00
	6	周玉霞	普外科	720	960	1050		30	3060.00	30	16	46	3014.00
	11	赵媛媛	普外科	722	960	1050	300	30	3062.00	30	16	46	3016.00
	14	张晓炜	普外科	930	1515	1300	500		4245.00	50	24	74	4171.00
			普外科 汇总										14099.00
	1	谭业林	心内科	930	1515	1300	500		4245.00	50	24	74	4171.00
	7	陈妍妍	心内科	530	850	1050	300		2730.00	30	13	43	2687.00
	13	胡庆军	心内科	930	1500	1300	500		4230.00	50	24	74	4156.00
			心内科 汇总										11014.00
			总计										49507.00

图 4-80　各部门工资分类汇总表

在分类汇总表中数据是分级显示的，当单击工作表左上角的"1"按钮时，工作表显示总计项，如图 4-81 所示。

图 4-81　显示总计项

当我们单击工作表左上角的"2"按钮时，工作表显示各部门的汇总，如图 4-82 所示。

图 4-82　显示按部门汇总

当我们单击工作表左上角的"3"按钮时，工作表显示各部门的明细汇总。

【实训评价】

通过本次实训，掌握使用 Excel 对数据进行分类汇总的方法，重点是对分类汇总对话框的选择，学生必须理解每个选项的含义，才能作出正确的选择。

【注意事项】

1. 分类汇总前，首先应对汇总的分类项进行排序。

2. 要取消分类汇总，可在"分类汇总"对话框中单击"全部删除"按钮。

【实训作业】

制作本班学生成绩表，计算出每名学生的总分，要求按小组分类汇总，比较各小组的平均成绩，评选出"优秀学习小组"。

实训 17　药品销售明细表（综合）

通过本实训，考查学生综合应用 Excel 解决实际问题的能力。

案例设计

经过前段时间的学习，学生已经基本掌握了 Excel 2010 工作表的格式化操作、函数的使用、插入图表和分类汇总的操作方法，最后我们以某医药公司 12 月份药品销售明细表为例进行综合实战，来检测一下学习成果。

【实训目的】

1. 熟悉 Excel 2010 工作表的基本操作。

2. 掌握 Excel 2010 常用函数及公式的使用方法。

3. 掌握分类汇总的操作方法。

4. 掌握插入图表的操作方法。

【实训准备】

软硬件环境准备：Windows 7 操作系统；Excel 2010 电子表格处理软件。

操作者准备：做好课前复习。

【实训内容】

（1）创建一个新的工作簿，在工作表 Sheet1 中制作如图 4-83 所示的工作表，并按要求完成下列操作。

①计算出每种药品的销售利润和销售金额。销售利润 ＝ 销售数量 ×（销售价－进价），销售金额 ＝ 销售数量 × 销售价。

②计算出销售利润最大的三种药品。

③计算出销售金额最大的三种药品。

（2）把以上制作好的表格复制到 Sheet2 工作表，并按"分类"完成分类汇总。

（3）根据工作表 Sheet2 中的分类汇总，制作药品销售三维饼图。

（4）该医药公司针对 12 月份药品销售情况进行了分析，提出了明年药品的营销方案：销售利润大于 5000 元的药品划为 A 类药品，每月盘点一次，优先订货，优先结付；销售利润大于 1000 元的药品划为 B 类药品，每季盘点一次，加强宣传。销售利润在

医药公司12月份药品销售明细表

2015年12月30日

序号	药品名称	规格	分类	单位	进价	销售价	销售数量	利润	销售金额
1	青霉素	80万	抗菌消炎	支	0.38	0.45	3000.00		
2	苦黄注射液	20ml*6	清热解毒	盒	80.00	103.00	980.00		
3	阿莫西林	0.25*20#	抗菌消炎	盒	2.50	3.10	1300.00		
4	头孢氨苄	0.135*50#	抗菌消炎	盒	4.90	5.90	4500.00		
5	维C银翘片	18片	清热解毒	袋	1.60	2.40	5800.00		
6	庆大霉素	2ml*8万	抗菌消炎	盒	1.50	1.80	800.00		
7	布洛芬胶囊	200mg	解热镇痛	瓶	10.70	12.10	670.00		
8	呋塞米片	20mg	心脑血管	瓶	1.50	1.80	960.00		
9	阿司匹林片	100mg	解热镇痛	盒	11.60	14.85	1500.00		
10	利巴韦林	1ml*10	抗菌消炎	盒	11.10	13.30	1100.00		
11	碳酸氢钠片	500mg	胃肠道类	瓶	5.13	6.10	630.00		
12	呋塞米片	20mg*100	心脑血管	瓶	4.90	5.70	890.00		
13	香砂养胃丸	9g*10片	胃肠道类	袋	11.15	12.20	2600.00		
14	硝酸甘油片	0.5mg*24片	心脑血管	瓶	20.28	23.92	520.00		
15	丹参注射液	20ml*1支	心脑血管	盒	6.26	7.59	4200.00		
16	吗叮啉	10mg*30片	胃肠道类	盒	11.14	22.70	490.00		
17	人血白蛋白	10g	生物制剂	支	460.00	530.00	28.00		
18	人免疫球蛋白	50ml*2.5g	生物制剂	支	300.00	350.00	32.00		

图 4-83　药品销售明细表

1000 元以下的药品划为 C 类药品，半年盘点一次，微利多销。请在工作表 Sheet3 中进行操作。

【实验步骤】

1. 制作药品销售明细表　制作药品销售明细表的具体步骤此处省略。

1）计算销售利润

（1）双击 I4 单元格，输入公式"=H4*(G4-F4)"，按回车键确认，即可显示运算结果，如图 4-84 所示。

（2）复制公式，实现余下药品利润的自动计算。单击 I4 单元格，鼠标指针指向单元格右下角填充柄位置，按住鼠标左键向下拖动至 I21 单元格，释放左键即可。

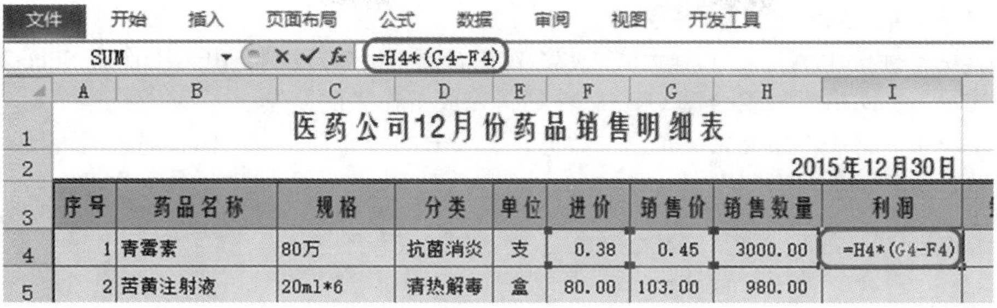

图 4-84 输入求利润公式

2）计算销售金额

（1）双击 J4 单元格，输入公式 "=H4*G4"，按回车键确认，即可显示运算结果，如图 4-85 所示。

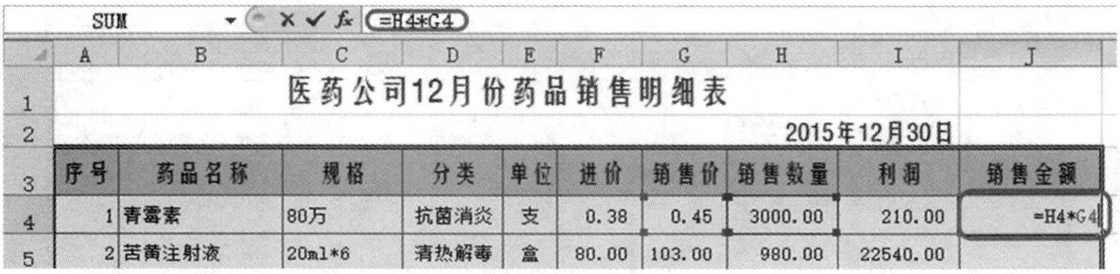

图 4-85 输入求销售金额公式

（2）复制公式，实现余下药品的销售金额自动计算。单击 J4 单元格，鼠标指针指向单元格右下角填充柄位置，按住鼠标左键向下拖动至 J21 单元格，释放左键即可，完成后的表格如图 4-86 所示。

序号	药品名称	规格	分类	单位	进价	销售价	销售数量	利润	销售金额
1	青霉素	80万	抗菌消炎	支	0.38	0.45	3000.00	210.00	1350.00
2	苦黄注射液	20ml*6	清热解毒	盒	80.00	103.00	380.00	8740.00	39140.00
3	阿莫西林	0.25*20#	抗菌消炎	盒	2.50	3.10	1300.00	780.00	4030.00
4	头孢氨苄	0.135*50#	抗菌消炎	盒	4.90	5.90	4500.00	4500.00	26550.00
5	维C银翘片	18片	清热解毒	袋	1.60	2.40	5800.00	4640.00	13920.00
6	庆大霉素	2ml*8万	抗菌消炎	盒	1.50	1.80	800.00	240.00	1440.00
7	布洛芬胶囊	200mg	解热镇痛	瓶	10.70	12.10	670.00	938.00	8107.00
8	呋塞米片	20mg	心脑血管	瓶	1.50	1.80	960.00	288.00	1728.00
9	阿司匹林片	100mg	解热镇痛	盒	11.60	14.85	1500.00	4875.00	22275.00
10	利巴韦林	1ml*10	抗菌消炎	盒	11.10	13.30	1100.00	2420.00	14630.00
11	碳酸氢钠片	500mg	胃肠道类	瓶	5.13	6.10	630.00	611.10	3843.00
12	呋塞米片	20mg*100	心脑血管	瓶	4.90	5.70	890.00	712.00	5073.00
13	香砂养胃丸	9g*10片	胃肠道类	袋	11.15	12.20	2600.00	2730.00	31720.00
14	硝酸甘油片	0.5mg*24片	心脑血管	瓶	20.28	23.92	520.00	1892.80	12438.40
15	丹参注射液	20ml*1支	心脑血管	盒	6.26	7.59	4200.00	5586.00	31878.00
16	吗叮啉	10mg*30片	胃肠道类	盒	11.14	22.70	490.00	5664.40	11123.00
17	人血白蛋白	10g	生物制剂	支	460.00	530.00	28.00	1960.00	14840.00
18	人免疫球蛋白	50ml*2.5g	生物制剂	支	300.00	350.00	32.00	1600.00	11200.00

图 4-86 完成后的表格

3）计算销售利润、销售金额最大的三种药品

在以上步骤的基础上，通过排序即可求出，具体步骤此处省略。

2. 按药品"分类"完成分类汇总

（1）用鼠标选中 A3：J21 单元格区域，按组合键 Ctrl+C 复制，单击工作表 Sheet2 标签，然后单击 A1 单元格，按组合键 Ctrl+V 粘贴，完成工作表的复制。

（2）单击"分类"单元格，单击"数据"选项卡中的"升序"按钮，把数据表按"分类"进行排列，如图 4-87 所示。

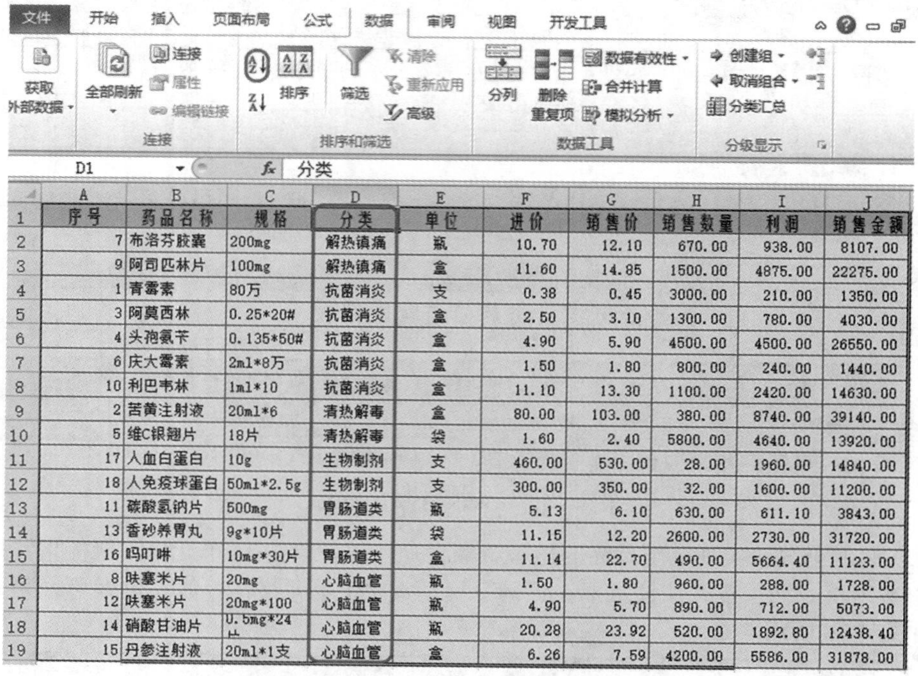

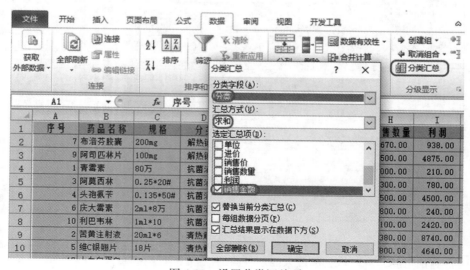

图 4-87　药品按分类排序

（3）选择"数据"选项卡，在"分级显示"组中单击"分类汇总"按钮，弹出"分类汇总"对话框，在"分类字段"下拉列表框中选择"分类"选项，"汇总方式"选择"求和"，"选定汇总项"选择"销售金额"，如图 4-88 所示。

图 4-88　设置分类汇总项

（4）单击"确定"按钮完成分类汇总，如图 4-89 所示。

	A 序号	B 药品名称	C 规格	D 分类	E 单位	F 进价	G 销售价	H 销售数量	I 利润	J 销售金额
1	序号	药品名称	规格	分类	单位	进价	销售价	销售数量	利润	销售金额
2	7	布洛芬胶囊	200mg	解热镇痛	瓶	10.70	12.10	670.00	938.00	8107.00
3	9	阿司匹林片	100mg	解热镇痛	盒	11.60	14.85	1500.00	4875.00	22275.00
4				解热镇痛 汇总						30382.00
5	1	青霉素	80万	抗菌消炎	支	0.38	0.45	3000.00	210.00	1350.00
6	3	阿莫西林	0.25*20#	抗菌消炎	盒	2.50	3.10	1300.00	780.00	4030.00
7	4	头孢氨苄	0.135*50#	抗菌消炎	盒	4.90	5.90	4500.00	4500.00	26550.00
8	6	庆大霉素	2ml*8万	抗菌消炎	盒	1.50	1.80	800.00	240.00	1440.00
9	10	利巴韦林	1ml*10	抗菌消炎	盒	11.10	13.30	1100.00	2420.00	14630.00
10				抗菌消炎 汇总						48000.00
11	2	苦黄注射液	20ml*6	清热解毒	盒	80.00	103.00	380.00	8740.00	39140.00
12	5	维C银翘片	18片	清热解毒	袋	1.60	2.40	5800.00	4640.00	13920.00
13				清热解毒 汇总						53060.00
14	17	人血白蛋白	10g	生物制剂	支	460.00	530.00	28.00	1960.00	14840.00
15	18	人免疫球蛋白	50ml*2.5g	生物制剂	支	300.00	350.00	32.00	1600.00	11200.00
16				生物制剂 汇总						26040.00
17	11	碳酸氢钠片	500mg	胃肠道类	瓶	5.13	6.10	630.00	611.10	3843.00
18	13	香砂养胃丸	9g*10片	胃肠道类	袋	11.15	12.20	2600.00	2730.00	31720.00
19	16	吗叮啉	10mg*30片	胃肠道类	盒	11.14	22.70	490.00	5664.40	11123.00
20				胃肠道类 汇总						46686.00
21	8	呋塞米片	20mg	心脑血管	瓶	1.50	1.80	960.00	288.00	1728.00
22	12	呋塞米片	20mg*100	心脑血管	瓶	4.90	5.70	890.00	712.00	5073.00
23	14	硝酸甘油片	0.5mg*24	心脑血管	瓶	20.28	23.92	520.00	1892.80	12438.40
24	15	丹参注射液	20ml*1支	心脑血管	盒	6.26	7.59	4200.00	5586.00	31878.00
25				心脑血管 汇总						51117.40
26				总计						255285.40

图 4-89　药品销售金额汇总表

3. 制作药品销售三维饼图

1）选择数据源区域

在药品分类汇总表中单击工作表左上角的"2"按钮，工作表显示药品类别的汇总，拖动鼠标选择 D1：D25 数据区域，然后按住 Ctrl 键，拖动鼠标选择 J1：J25 数据区域，如图 4-90 所示。

	A 序号	B 药品名称	C 规格	D 分类	E 单位	F 进价	G 销售价	H 销售数量	I 利润	J 销售金额
1	序号	药品名称	规格	分类	单位	进价	销售价	销售数量	利润	销售金额
4				解热镇痛 汇总						30382.00
10				抗菌消炎 汇总						48000.00
13				清热解毒 汇总						53060.00
16				生物制剂 汇总						26040.00
20				胃肠道类 汇总						46686.00
25				心脑血管 汇总						51117.40
26				总计						255285.40

图 4-90　选择数据源区域

2）插入图表

单击"插入"选项卡，在"图表"组中单击"饼图"按钮，在弹出的下拉列表中选择"三维饼图"，见图 4-91，即可插入如图 4-92 所示的三维饼图。

3）格式化图表

（1）调整图表的位置及大小。

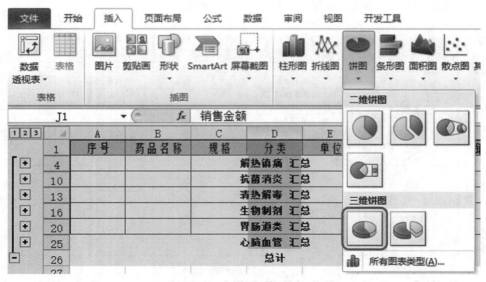

图 4-91 饼图下拉列表

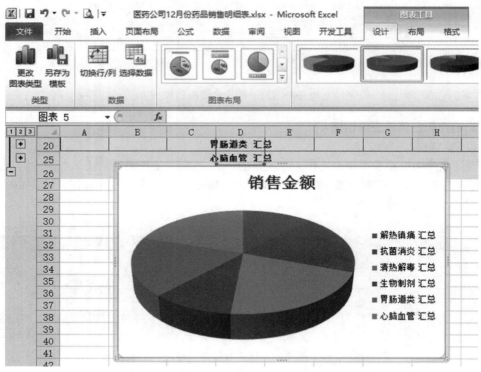

图 4-92 插入三维饼图

(2) 设置图表标题。单击图表标题，使图表文本框处于可编辑状态，输入"某医药公司 12 月药品销售分类统计表"，如图 4-93 所示；再单击"图表工具"的"格式"选项卡，在"字符样式"组中单击"其他"按钮，在弹出的下拉列表中选择"渐变填充 - 橙色 强调文字颜色 6"选项，如图 4-94 所示。

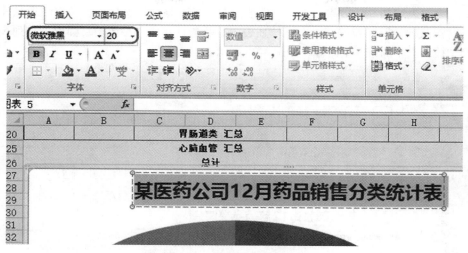

图 4-93　设置图表标题（1）

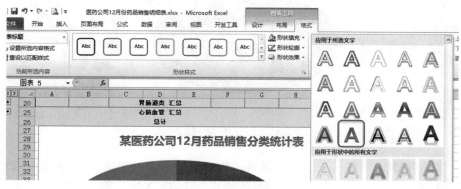

图 4-94　设置图表标题（2）

（3）为图表添加标签。单击"图表工具"的"设计"选项卡，在"图表布局"组中单击"布局 2"按钮，如图 4-95 所示。

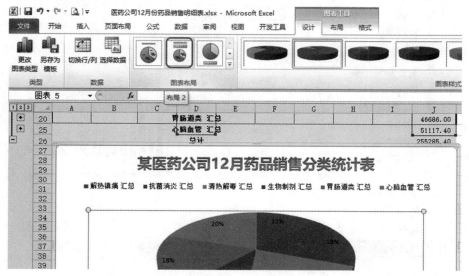

图 4-95　添加图表标签

（4）为图表增加立体效果。选择"图表工具"的"格式"选项卡，单击"形状样式"组中的"形状效果"下拉按钮，在下拉列表中鼠标指针指向"棱台"，弹出下拉列表，从中选择"棱台"中的第一个图标，如图 4-96 所示。

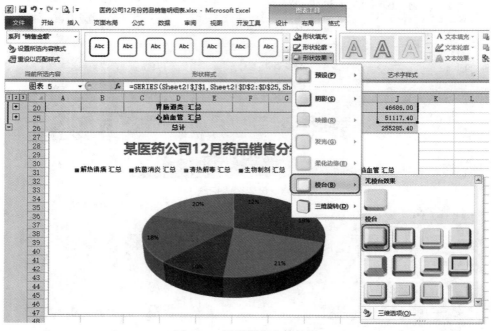

图 4-96　设置图表立体效果

（5）图表添加背景色。在图表区右击，弹出快捷菜单，如图 4-97 所示，选择"设置图表区域格式"命令，弹出"设置图表区格式"对话框，在"填充"选项区中选中"纯色填充"单选按钮，单击"颜色"下拉列表，从中选择"橄榄色，强调文字 3，淡色"，如图 4-98 所示。

图 4-97　设置图表区格式　　　　图 4-98　设置图表区填充色

(6) 单击"关闭"按钮，图表效果如图 4-99 所示。

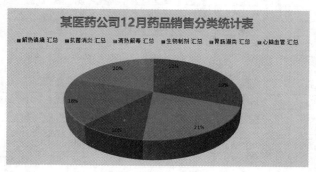

图 4-99　三维饼图效果

4. 按年利润大小把药品划分为 ABC 三类

(1) 将工作表 Sheet1 数据复制到 Sheet3 中，具体步骤略。

(2) 增加"药品评价"字段，双击 K1 单元格，输入"药品评价"。

(3) 输入公式进行判断。

双击 K2 单元格，输入判断公式"=IF(I2 > 5000，"A 类药品"，IF(I2 > 1000，"B 类药品"，"C 类药品"))"，如图 4-100 所示，按回车键显示判断结果，如图 4-101 所示。

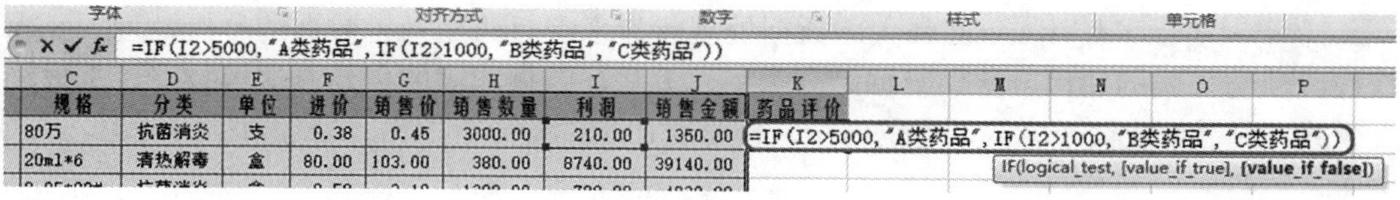

图 4-100　输入判断公式

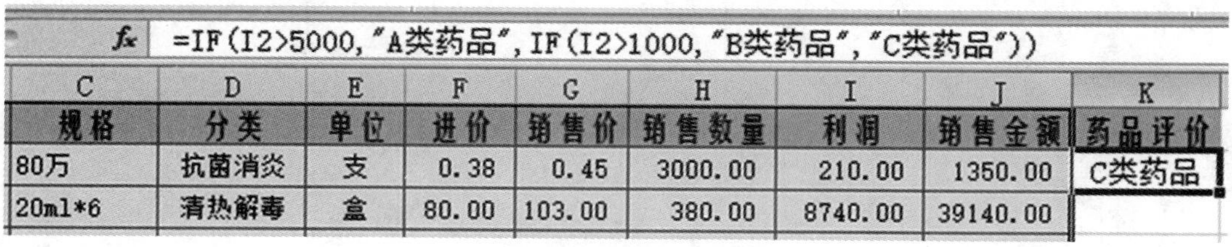

C	D	E	F	G	H	I	J	K
规格	分类	单位	进价	销售价	销售数量	利润	销售金额	药品评价
80万	抗菌消炎	支	0.38	0.45	3000.00	210.00	1350.00	C类药品
20ml*6	清热解毒	盒	80.00	103.00	380.00	8740.00	39140.00	

=IF(I2>5000,"A类药品",IF(I2>1000,"B类药品","C类药品"))

图 4-101　显示判断结果

(4) 复制公式。单击 K2 单元格，鼠标指针指向单元格右下角填充柄位置，按住左键向下拖动至 K19 单元格，释放左键即可实现余下药品的自动判断，结果如图 4-102 所示。

链接

有时需要防止 Excel 表格中的数据被篡改，我们可以单击"审阅"选项卡中的"保护工作表"或"保护工作簿"命令，设置密码对数据进行保护，此时如果没有密码那么这个表格中的数据将只能看不能改。如果表格非常重要，不想被其他人看到，可以选中需要隐藏的工作表标签，并右击，在弹出的快捷菜单中选择"隐藏"命令。如果需要隐藏整个工作簿，单击"视图"选项卡，在"窗口"组中单击"隐藏"按钮即可。

序号	药品名称	规格	分类	单位	进价	销售价	销售数量	利润	销售金额	药品评价
1	青霉素	80万	抗菌消炎	支	0.38	0.45	3000.00	210.00	1350.00	C类药品
2	苦黄注射液	20ml*6	清热解毒	盒	80.00	103.00	380.00	8740.00	39140.00	A类药品
3	阿莫西林	0.25*20#	抗菌消炎	盒	2.50	3.10	1300.00	780.00	4030.00	C类药品
4	头孢氨苄	0.135*50#	抗菌消炎	盒	4.90	5.90	4500.00	4500.00	26550.00	B类药品
5	维C银翘片	18片	清热解毒	袋	1.60	2.40	5800.00	4640.00	13920.00	B类药品
6	庆大霉素	2ml*8万	抗菌消炎	盒	1.50	1.80	800.00	240.00	1440.00	C类药品
7	布洛芬胶囊	200mg	解热镇痛	瓶	10.70	12.10	670.00	938.00	8107.00	C类药品
8	呋塞米片	20mg	心脑血管	瓶	1.50	1.80	960.00	288.00	1728.00	C类药品
9	阿司匹林片	100mg	解热镇痛	盒	11.60	14.85	1500.00	4875.00	22275.00	B类药品
10	利巴韦林	1ml*10	抗菌消炎	盒	11.10	13.30	1100.00	2420.00	14630.00	B类药品
11	碳酸氢钠片	500mg	胃肠道类	瓶	5.13	6.10	630.00	611.10	3843.00	C类药品
12	呋塞米片	20mg*100	心脑血管	瓶	4.90	5.70	890.00	712.00	5073.00	C类药品
13	香砂养胃丸	9g*10片	胃肠道类	袋	11.15	12.20	2600.00	2730.00	31720.00	B类药品
14	硝酸甘油片	0.5mg*24片	心脑血管	瓶	20.28	23.92	520.00	1892.80	12438.40	B类药品
15	丹参注射液	20ml*1支	心脑血管	盒	6.26	7.59	4200.00	5586.00	31878.00	A类药品
16	吗叮啉	10mg*30片	胃肠道类	盒	11.14	22.70	490.00	5664.40	11123.00	A类药品
17	人血白蛋白	10g	生物制剂	支	460.00	530.00	28.00	1960.00	14840.00	B类药品
18	人免疫球蛋白	50ml*2.5g	生物制剂	支	300.00	350.00	32.00	1600.00	11200.00	B类药品

图 4-102   全部药品判断结果

【实训评价】

　　本实训演示了使用 Excel 强大的数据处理能力来进行药品销售数据的分析处理。要求掌握函数与公式的使用方法、数据的分类汇总方法、数据图表的创建方法等技能，掌握利用公式与函数解决简单实际问题的方法，使学生初步具备分析数据、处理数据的能力。

第五章　演示文稿软件 PowerPoint 2010

实训 18　PowerPoint 2010 基本操作

任务一　演示文稿的建立与插入文本、图片

PowerPoint 2010 主要应用于演示文稿创作，利用它可创建包含文本、图形、图片、动画、图表、视频等多种元素的直观生动的幻灯片演示文稿。

 案例设计

新学期开始了，班里要召开"心理健康教育"主题班会，班主任要求学生制作主题班会中使用的幻灯片演示文稿，并列出了对每页幻灯片的详细要求。怎么完成班主任的任务呢？

讨论： 发挥想象，讨论如何调整演示文稿内幻灯片版式、文字和图片格式，使幻灯片页面更加美观。

链接

PPT 首页标题一定要清晰。PPT 是导引，而不是讲义，不需要太多文字，要注意行距。图片要加以修饰，很多网上下载的图片，如果不经修饰，就会有很多多余文字在上面，建议将图片多余的部分通过图片的裁切功能去掉，不要喧宾夺主。

【实训目的】

1. 熟悉演示文稿的创建、保存和打开方法。

2. 掌握在幻灯片中插入文本、图片及设置其格式的方法。

3. 掌握更改幻灯片版式的方法。

【实训准备】

1. 软硬件环境准备：Windows 7 操作系统，PowerPoint 2010 软件。

2. 操作者准备：联网下载与演示文稿内容相关的图片素材，用于美化幻灯片页面。

【实验步骤】

（1）为创建图 5-1 所示演示文稿，需完成以下操作。

PowerPoint 2010 常见的四种启动方法：

①单击"开始"菜单 ，选择"所有程序"→Microsoft Office → Microsoft PowerPoint 2010 命令；

②双击桌面上的 PowerPoint 2010 快捷方式图标 ；

③双击存放在计算机各文件夹中的 PowerPoint 演示文稿文件（文件扩展名为 .pptx）；

④右击，选择"新建"→"PowerPoint 演示文稿"命令。

图 5-1　演示文稿页面效果图

（2）创建演示文稿。

①创建空白演示文稿的方法：

a.单击"文件"→"新建"命令，在"新建"对话框中双击"空白演示文稿"或单击"空白演示文稿"，然后单击"创建"按钮；

b.双击 PowerPoint 2010 桌面图标会在打开程序的同时新建一个空白演示文稿。

②根据模板建立演示文稿：单击"文件"→"新建"命令，在"可用的模板和主题"下单击"样本模板"，选择一种模板创建演示文稿。

（3）将当前空白演示文稿命名为"关爱心灵　健康成长"，保存在 C 盘。

①保存演示文稿时打开"另存为"对话框的四种方法：

a.执行"文件"→"另存为"命令；

b.执行"文件"→"保存"命令；

c.单击标题栏左上角快速访问工具栏中的"保存" 按钮；

d.按 Ctrl+S 组合键。

②在"另存为"对话框中选择保存地址为 C 盘，文件名为"关爱心灵　健康成长"，保存类型为 PowerPoint 演示文稿（*.pptx）。

（4）第一页幻灯片的版式自动生成"标题幻灯片"，输入文本，标题占位符中为"关爱心灵　健康成长"，副标题占位符中为"2016 级中护 3 班主题班会"。

输入文本的几种方法如下。

①使用占位符输入文本：单击占位符任意位置，在插入点输入文本，单击幻灯片空白处完成输入。

②插入文本框输入文本：单击"插入"选项卡中的"文本框"按钮，选择"横排文本框"（或"垂直文本框"）命令，在幻灯片的相应位置拖出文本区域，输入文本，如图 5-2 所示。

图 5-2　插入文本框

（5）设置文本格式，标题设置为楷体、加粗、60 号字、黑色，副标题设置为宋体、加粗、

32 号字、黑色，效果如图 5-3 所示。

设置文本格式方法如下。

①单击占位符边框，选中占位符后使用"开始"选项卡上的工具按钮设置字体、字号等字符效果。

②单击占位符边框，选中占位符后使用"开始"选项卡"字体"组右下角的"字体对话框"按钮 ，在弹出的"字体"对话框（图 5-4）中设置字体、字号等效果。

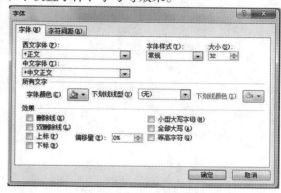

图 5-3　设置第一页幻灯片文本格式

图 5-4　"字体"对话框

（6）新建第二页幻灯片页面，版式设置为"标题和内容"。两种方法描述如下。

①单击"开始"选项卡"幻灯片"组中"新建幻灯片"按钮上的下拉按钮 ，在列表中选择"标题和内容"版式，建立第二页幻灯片。

②单击"开始"选项卡"幻灯片"组中的"新建空白幻灯片"按钮 ，单击"版式"按钮 ，在其菜单中选择"标题和内容"版式，建立第二页幻灯片。

（7）在第二页幻灯片录入文字并设置文字及段落格式，标题字体设置为隶书、44 号字、加粗。内容设置为幼圆、28 号字、加粗、1.5 倍行距，颜色为红色 7，绿 62，蓝 135。

①在标题占位符中输入"生命的意义"，字体为隶书、44 号字、加粗。

②在内容占位符中输入图 5-5 中文字，字体为幼圆、28 号字、加粗；选中文字内容后单击"开始"选项卡"字体"组中的"字体颜色"按钮 ，设置字体颜色为红色 7，绿 62，蓝 135。

③单击内容占位符边框，选中该占位符，单击"开始"选项卡"段落"组中的"行距"按钮 ，选择 1.5 倍行距；单击"项目符号"按钮 ，选择"箭头项目符号"选项。

（8）在第一页幻灯片插入图片"郁金香"。调整图片格式及艺术效果，图片调整颜色为"冲蚀"艺术效果、"图画刷"效果、置于底层，如图 5-6 所示。

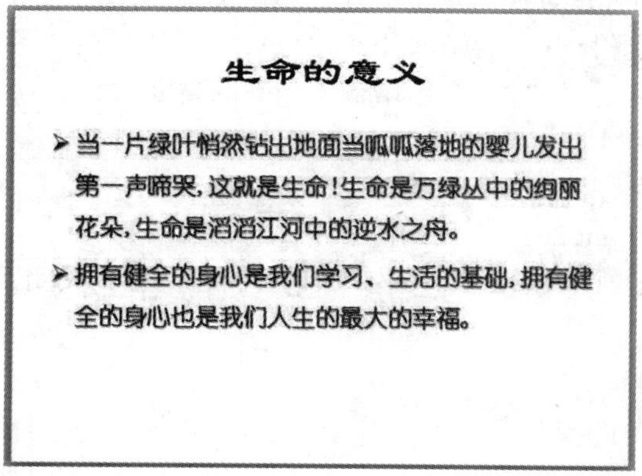

图 5-5　第二页幻灯片文字设置

图 5-6　第一页幻灯片图片效果

单击第一页幻灯片页面要插入图片的位置，单击"插入"选项卡"图像"组中的"图片"按钮，打开"图片库 / 图片 / 公用图片 / 示例图片 / 郁金香 .jpg"。

将图片插入幻灯片页面后，单击图片，选择"格式"选项卡"调整"组，单击"颜色"按钮，如图 5-7 所示，选择"重新着色"中第一行第四列的"冲蚀"；单击"艺术效果"按钮，选择第二行第三列的"图画刷"效果；右击图片，在弹出的快捷菜单中选择"置于底层"命令。

图 5-7　"颜色"命令

图 5-8　插入剪贴画

（9）在第二页幻灯片插入剪贴画，调整图片格式及艺术效果，调整剪贴画大小，放至合适位置。

单击第二页幻灯片页面要插入图片的位置，单击"插入"选项卡"图像"组中的"剪贴画"按钮，如图 5-8 所示，在剪贴画选项卡下单击"搜索"命令按钮，选择一幅适合的剪贴画单击插入幻灯片。

插入幻灯片页面后单击图片，用鼠标拖动图片四周的控制点调整图片到合适大小（也可单击图片，在"图片格式"选项卡中"大小"组中输入精确的高度和宽度），效果如图 5-9 所示。

（10）保存演示文稿，退出 PowerPoint 2010。

PowerPoint 2010 常见的四种退出方法：

①单击 PowerPoint 2010 窗口标题栏右上角的"关闭"按钮 ；

②执行"文件"→"退出"命令；

③双击 PowerPoint 2010 窗口标题栏左上角的控制菜单按钮 ，或者单击该按钮选择"关闭"命令；

④按组合键 Alt+F4。

【实训评价】

要求学生分组完成讨论和作业内容，然后学生互评、教师点评，分析各组作业的优缺点并评分，探讨如何操作能获得更好的制作效果，从而加深学生对相关知识点的理解，提升学生的实践能力。

【注意事项】

幻灯片页面制作要"简洁"，注重传达有效信息，单页幻灯片内堆砌过多的文本、图片等元素会显繁杂、影响美观。

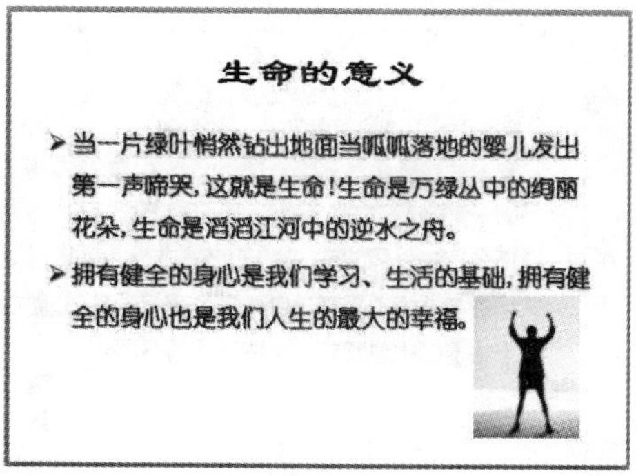

图 5-9　第二页幻灯片效果图

应注意文字颜色和图片颜色的搭配，突出显示文字。

【实训作业】

根据"文件\可用的模板和主题\样本模板\现代型相册"新建演示文稿，根据幻灯片内容提示输入文字、插入图片，学习灵活利用现有模板建立演示文稿"个人相册"。

任务二　在演示文稿中插入图形、艺术字

本任务学习如何在 PowerPoint 2010 演示文稿中插入图形、艺术字等，创建直观生动的幻灯片演示文稿。

 案例设计

心理健康主题班会使用的幻灯片内容较为单一，班主任要求学生在幻灯片中加入一些元素，使它更加直观形象，下面讲解任务步骤。

讨论: 分组讨论调整演示文稿内幻灯片图形、艺术字格式对幻灯片页面效果的不同影响。

链接

幻灯片的颜色搭配：深色背景搭配浅色字，如深蓝背景配白色、黄色字等；浅色背景搭配深色字，如浅黄、淡紫背景加黑色字、深红字等，PPT 中用色时要有针对性。艺术字是配合图表和一些引导图片使用的，如果版面出现太多艺术字就会太显花哨，有一种眼花缭乱的错觉。

【实训目的】

1.熟悉在幻灯片演示文稿中插入图形、艺术字的方法。

2.掌握图形、艺术字格式设置方法。

【实训准备】

1.软硬件环境准备：Windows 7 操作系统，PowerPoint 2010 软件。

2.操作者准备: 联网下载与演示文稿内容相关的图形、剪贴画素材，用于美化幻灯片页面。

【实验步骤】

（1）为创建图 5-10 所示演示文稿，需完成以下操作。打开 C: \关爱心灵 健康成长 .pptx，新建第三张幻灯片，版式为"空白"，插入艺术字"健康的基本含义"，字体为华文楷体，字号为 60 号，艺术字样式为"渐变填充 - 蓝色，强调文字颜色 1，轮廓 - 白色"。

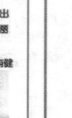

图 5-10　演示文稿第二页、第三页页面效果图

单击"插入"选项卡"文本"组的"艺术字"按钮 ，如图 5-11 所示，选择第四行第四列的艺术字样式"渐变填充 - 蓝色，强调文字颜色 1，轮廓 - 白色"，在占位符中输入文字"健康的基本含义"。单击占位符边框线选中艺术字，设置字体为华文楷体，字号为60 号，拖动占位符到图 5-12 所示位置。

（2）在第三页幻灯片内插入 SmartArt 图形。该图形为列表分类"垂直块列表"布局，Smart Art 样式设置为"砖块场景"，输入图 5-10 所示文字内容，调整 SmartArt 图形到图 5-10 中位置。

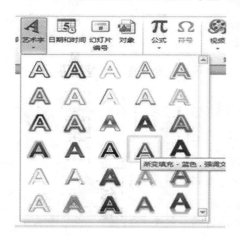

图 5-11　插入艺术字

图 5-12　艺术字效果和位置

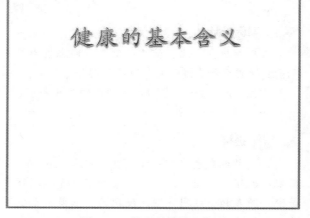

图 5-13　SmartArt 图形布局

单击"插入"选项卡"插图"组的"SmartArt 图形"按钮 ，打开如图 5-13 所示对话框，选择第六行第三列的"垂直块列表"布局。单击标题栏中的"SmartArt 工具"命令按钮，打开图 5-14 所示的"SmartArt 工具"栏，将 Smart Art 样式设置为图 5-15 所示的"砖块场景"。单击 SmartArt 图形边框选中该图形，调整 SmartArt 图形的位置。单击 SmartArt 图形中的文本提示符，输入图 5-16 文字内容。

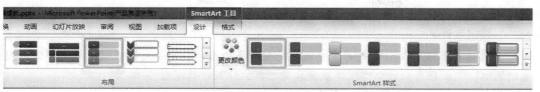

图 5-14 SmartArt 工具栏

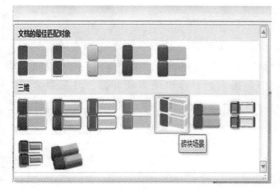

图 5-15 Smart 样式设置

图 5-16 Smart Art 图形文字内容

（3）在第二页幻灯片内插入图形"圆角矩形"，选择第四行第六列的"细微效果 - 水绿色，强调颜色 5"形状样式，高度设置为 0.2 厘米，宽度设置为 22 厘米。

单击"插入"选项卡"插图"组的"形状"按钮，在标题"生命的意义"下方拖动鼠标插入圆角矩形。单击选中形状，并单击标题栏上的"绘图工具"命令按钮，在"大小"组中将高度设置为 0.2 厘米，宽度设置为 22 厘米，调整图形位置。选中图形，单击"绘图工具"命令下"格式"选项卡"形状样式"组的"其他形状样式"按钮，选择第四行第六列的"细微效果 - 水绿色，强调颜色 5"形状样式，使幻灯片呈现图 5-17 的效果。

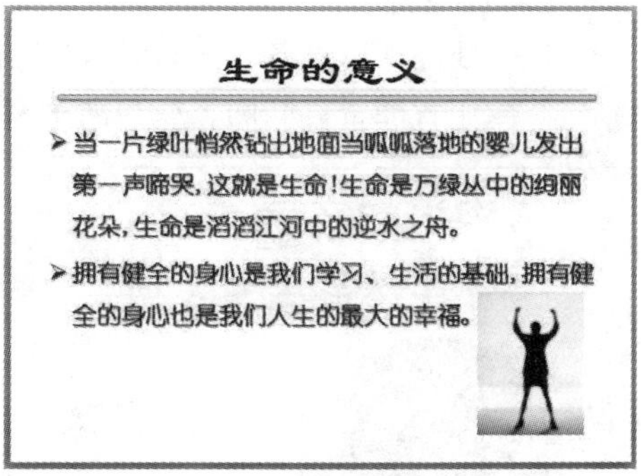

图 5-17 插入形状"圆角矩形"

（4）保存幻灯片演示文稿。

【实训评价】

要求学生发挥创意完成课堂作业，使学生具备向幻灯片中添加图形、艺术字的技能，培养学生美化版面的能力。

【注意事项】

图形、艺术字的位置和文字环绕效果设置。

【实训作业】

制作主题为"介绍我自己"的幻灯片演示文稿，要求包含文字、图片、图形、艺术字。

任务三　在演示文稿中插入表格图表

图表是一种以图形显示的方式表达数据的方法，用图表来表示数据，可以使数据更加直观。

案例设计

怎样才能在演示文稿幻灯片中更直观地显示多项数字的变化对比呢？跟着老师学习图表制作吧，完成任务后你会发现图表更容易理解，让人印象深刻。

讨论：分组讨论演示文稿内使用不同幻灯片图表样式对幻灯片页面效果的影响。

链接

多用图片、图表，辅以适当的动画，使幻灯片图文并茂。图形和图表更加直观，例如，对比两种方案的优劣时，用表格能十分有效地达到目的。再如，方案论证和系统功能模块设计时，用示意图可以很好地说明问题。用图形和图表时，辅以适当的动画，效果会更好。例如，比较两个方案时，区别在何处，单击出现一个横线或圆，指出不同之处，这样示意明白且形象生动。

【实训目的】
1. 熟悉在幻灯片演示文稿中插入表格图表的方法。
2. 掌握表格图表格式设置方法。

【实训准备】
1. 软硬件环境准备：Windows 7 操作系统，PowerPoint 2010 软件。
2. 操作者准备：联网下载与演示文稿内容相关的图表素材，用于美化幻灯片页面。

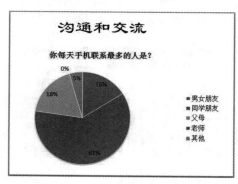

图 5-18　演示文稿第四页页面效果图

【实验步骤】

为创建图 5-18 所示演示文稿，需完成以下操作。打开 C:\关爱心灵 健康成长 .pptx，新建第四页幻灯片，版式为"标题和内容"；标题输入"沟通和交流"，设置为隶书、48 号字。

内容中插入图 5-18 所示饼图。

（1）单击"插入"选项卡"插图"组的"图表"按钮 ，在弹出的"更改图表类型"对话框（图5-19）左侧的列表框中可选择图表类型，在右侧列表框中可选择子类型，此处选择饼图，单击"确定"按钮。

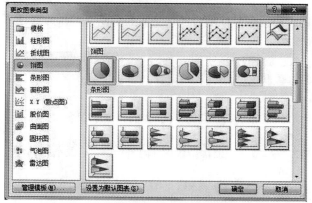

图 5-19　"更改图表类型"对话框

（2）自动启动 Excel，在弹出的 Excel 2010 软件中输入图 5-20 中的内容，随着工作表中数据的更改，PowerPoint 的图表会自动更新成图 5-21。

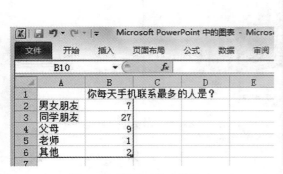

图 5-20　饼图对应表格内容

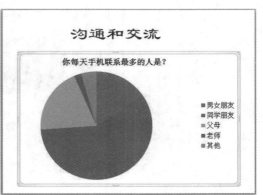

图 5-21　表格完成后效果图

（3）输入完毕后，关闭 Excel，单击标题栏中的"图表工具"命令按钮，可利用"设计"选项卡中的"图表布局"工具与"图表样式"工具快速设置图表格式。如图 5-22 所示，将图表布局设置为"布局 6"，将图表样式设置为"样式 10"，使幻灯片呈现本任务要求的效果。保存幻灯片演示文稿。

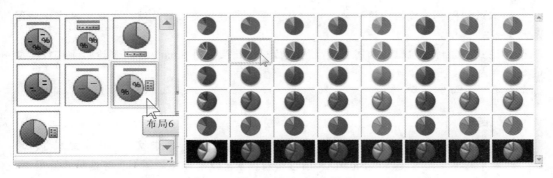

图 5-22　图表布局 6、图表样式 10

【实训评价】

通过课堂提问、布置作业，对学生进行"在演示文稿中插入表格图表"技能评测。

【注意事项】

图表中各组件可单独设置大小、格式。

【实训作业】

新建演示文稿，根据图 5-23 中表格内容制作图 5-24 中三维簇状柱形图表，采用图表布局 3、图表样式 34。

学号	语文	英语	数学
001	75	76	92
002	88	92	71
003	95	72	56
004	68	62	73

图 5-23　关联表格内容

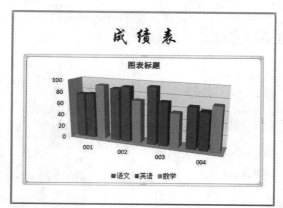

图 5-24　三维簇状柱形图表效果

任务四　在演示文稿中插入组织结构图、射线图

PowerPoint 2010 提供了一项称为 SmartArt 的功能，它提供了一些模板，如列表、流程图、组织结构图和关系图，以简化创建复杂形状的过程。

 案例设计

组织结构图、射线图能清晰地显示结构关系。怎样能使幻灯片演示文稿中具有这些图形元素呢？

讨论： 分组讨论组织结构图、射线图的功能特点及不同 SmartArt 图形适用于何种类型的幻灯片内容设计。

 链接

PPT 文字如何转 Smart Art 图形呢，打开 PowerPoint 2010，编辑文字，选中文本框，单击"开始"菜单里面的转换为 SmartArt 图形按钮。如果没有合适的图形，可选择其他图形。在关系中选择分离射线图类型，确定之后，生成 Smart 图形的初步样子，然后可以在设计标签中进行颜色的更改。

【实训目的】

1. 熟悉在幻灯片演示文稿中插入组织结构图、射线图的方法。

2. 掌握组织结构图、射线图格式设置方法。

【实训准备】

1. 软硬件环境准备：Windows 7 操作系统，Office 2010 软件。

2. 操作者准备：浏览网页，查询关系图。

【实验步骤】

为创建图 5-25 所示演示文稿，需完成以下操作。

（1）打开 C:\关爱心灵 健康成长 .pptx，新建第五页幻灯片，版式设置为"标题和内容"；标题输入"心理健康的标志"，字体为隶书、48 号字。

（2）在第五页幻灯片内容中插入组织结构图，效果如图 5-25 所示。

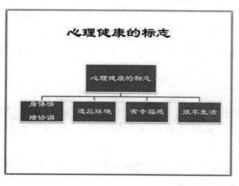
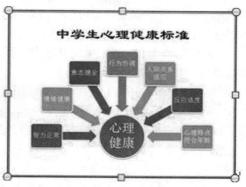

图 5-25 演示文稿第五页、第六页页面效果图

①单击"插入"选项卡"插图"组的"SmartArt 图形"按钮 ，弹出"选择 SmartArt 图形"界面（图 5-26），从其左侧选择"层次结构"类型，在右侧列表框中可选择"组织结构图"子类型，单击"确定"按钮，生成图 5-27 所示幻灯片页面。

②单击图 5-27 中组织结构图展开按钮，在弹出的"键入文字"文本框中输入图 5-28 中内容，随着工作表中数据的更改，演示文稿中的组织结构图会自动更新。

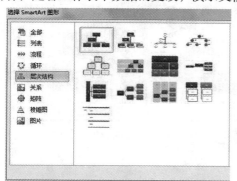
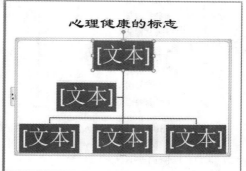

图 5-26 "选择 SmartArt 图形"界面　　　图 5-27 组织结构图效果

③单击组织结构图，设置字体为隶书、28 号字；单击标题栏"SmartArt 工具"命令下"设计"选项卡"布局"组选择"组织结构图"布局；在"SmartArt 样式"组"更改颜色"命令中设置颜色为"彩色填充 - 强调文字颜色 1"，"SmartArt 样式"设置为"白色轮廓"。修改后的效果如图 5-29 所示。

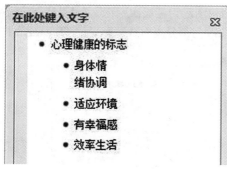
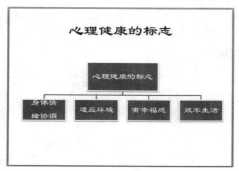

图 5-28 键入文字　　　　　　　图 5-29 组织结构图效果

注意：组织结构图中所含各形状可根据实际需要添加和删除。在图 5-27 中单击红圈所

示形状的边框，单击删除键即可删掉该形状。在图 5-28 中输入各形状内容文字时按回车键即可添加形状。

（3）新建第六页幻灯片，版式设置为"标题和内容"；标题输入"中学生心理健康标准"，字体为隶书、48 号字。

（4）在第六页幻灯片内容中插入射线图，效果如图 5-25 所示。

①单击"插入"选项卡"插图"组的"SmartArt 图形"按钮，弹出"选择 SmartArt 图形"界面，在其左侧选择"关系"类型，在右侧列表框中可选择"聚合射线"子类型，单击"确定"按钮。

②单击组织结构图展开按钮，在弹出的"键入文字"文本框中输入图 5-30 中的内容，随着工作表中数据的更改，演示文稿中的射线图会自动更新。

③选中射线图，单击标题栏"SmartArt 工具"命令下"设计"选项卡"布局"组选择"聚合射线"布局；在"SmartArt 样式"组"更改颜色"命令中设置颜色为"强调文字颜色 1"，将"SmartArt 样式"设置为"白色轮廓"。修改后的效果如图 5-31 所示。

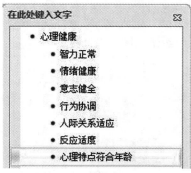

图 5-30　射线图键入文字　　　　图 5-31　射线图效果

（5）保存幻灯片演示文稿。

【实训评价】

要求学生分组完成讨论和作业内容，通过学生互评、教师点评等方法分析各组作业的优缺点并评分，从而提升学生的实践能力，拓展学生思维。

【注意事项】

组织结构图、射线图中各组件可单独设置大小、格式。

【实训作业】

如图 5-32 所示，将第 5 页幻灯片中的组织结构图改为"层次结构"布局，"SmartArt 样式"为三维"粉末"；将第 6 页幻灯片中的射线图改为"分离射线"布局，"SmartArt 样式"为"细微效果"。

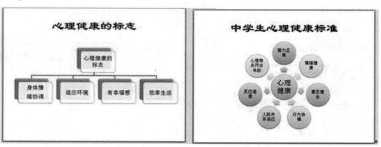

图 5-32　第 5 页、第 6 页幻灯片效果

任务五　调整幻灯片的顺序

结合幻灯片视图学习幻灯片顺序调整。

 案例设计

检查幻灯片演示文稿时忽然发现有几页幻灯片顺序错误，怎样调整它们的顺序呢？

讨论：分组讨论幻灯片内容和顺序的关系。

链接

幻灯片顺序一定要和演示文稿的演讲者演讲顺序一致，在制作过程中可能需要随时调整。

【实训目的】

掌握调整幻灯片顺序的方法。

【实训准备】

1. 软硬件环境准备：Windows 7 操作系统，Office 2010 软件。

2. 操作者准备：熟悉"视图"相关知识点。

【实验步骤】

为实现图 5-33 所示演示文稿顺序，需完成以下操作。

打开 C：\ 关爱心灵 健康成长 .pptx，将第四页幻灯片调整为演示文稿的最后一页，顺序如图 5-33 所示。

图 5-33　演示文稿幻灯片顺序图

调整方法有以下两种，可在普通视图下"幻灯片 / 大纲"展示窗格中或者在幻灯片浏览视图中实现这两种方法。

（1）拖动法：单击选中要移动位置的第四页幻灯片缩图，按住鼠标左键拖动幻灯片到目标位置第六页幻灯片之后，当该目标位置出现一条黑线时释放鼠标，所选幻灯片缩图移动到该位置。移动时出现的黑线表示当前位置。

（2）剪切/粘贴命令法：选中要移动位置的第四页幻灯片缩图，单击"开始"选项卡中的"剪切"命令按钮，单击目标位置第六页幻灯片之后，该目标位置出现黑线时单击"开始"选项卡中的"粘贴"命令按钮，所选幻灯片缩图即移动到该位置。

还可以右击幻灯片在快捷菜单中选择"剪切"/"粘贴"命令，或使用快捷键 Ctrl+X/Ctrl+V 完成。

保存幻灯片演示文稿。

【实训评价】

分组练习，互帮互助，让学生迅速掌握调整幻灯片顺序的技巧。

【注意事项】

确定幻灯片目标位置的黑色细实线。

【实训作业】

1. 尝试在幻灯片窗格中使用拖动法、命令法调整幻灯片顺序。

2. 尝试在幻灯片浏览视图中使用拖动法、命令法调整幻灯片顺序。

实训 19　PowerPoint 2010 版式调整、动画和超级链接

任务一　修改模板和母版

PowerPoint 2010 模板指事先定义好格式的一批演示文稿方案，包括背景风格、配色方案。PowerPoint 母版可以定义每张幻灯片共同具有的一些统一特征，这些特征包括文字的位置与格式，背景图案，是否在每张幻灯片上显示页码、页脚及日期等。

 案例设计

心理健康主题班会使用的演示文稿内容已经很丰富了，可是它没有统一的背景，风格有些杂乱。下面学习如何整体修饰幻灯片演示文稿。

讨论：分组讨论模板与配色的关系、网络下载模板的方法。

链接

系统默认的模板有些比较经典，但大家都用就没有新意了。可以从互联网上下载其他模板，保存在 PowerPoint 的安装目录下使用。还可以利用 PPT 中的母版功能，设置一种自己喜欢的格式，使导入的每张幻灯片都采用一种样式，还可以减少重复操作。

【实训目的】

1. 熟悉在幻灯片演示文稿中插入母版、模板的方法。

2. 掌握常用幻灯片修饰方法。

【实训准备】

1. 软硬件环境准备：Windows 7 操作系统，Office 2010 软件。

2. 操作者准备：联网下载幻灯片模板，用于美化幻灯片页面。

【实验步骤】

1. 设置页眉/页脚　打开 C:\关爱心灵 健康成长 .pptx，进入母版，在演示文稿的 2～6

页增加日期、页脚"2016级中护3班主题班会"、幻灯片编号，在标题占位符左侧插入形状。2～6页幻灯片均具有页脚及心形形状。

（1）执行"视图"选项卡"母版视图"组中的"幻灯片母版"命令，进入"幻灯片母版视图"状态，单击左侧窗格中第一张幻灯片母版，执行"插入"→"页眉和页脚"命令，打开"页眉和页脚"对话框，切换到"幻灯片"选项卡，即可对日期区、页脚区、数字区进行格式化设置，设置内容如图5-34所示。

（2）进入"幻灯片母版视图"状态，执行"插入"→"形状"命令，单击选择心形，用鼠标拖动法在标题占位符左侧拖动出心形形状。设置"形状样式"为"彩色轮廓-蓝色，强调颜色1"，"形状填充"为"白色"，"形状效果"为"发光"。

（3）单击"幻灯片母版"选项卡中的"关闭母版视图"按钮，显示2～6页幻灯片均出现图5-35中的页脚和心形形状。

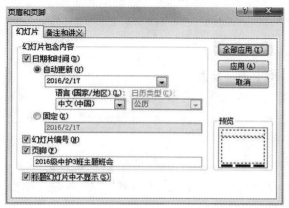

图 5-34　"页眉和页脚"对话框

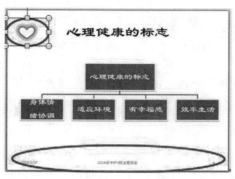

图 5-35　母版效果图

2. 将演示文稿模板设置为"波形"　单击任意一张幻灯片，单击"设计"选项卡"主题"组中的"其他"命令按钮，选择"波形"模板；单击"效果"按钮，选择"顶峰"效果，演示文稿中所有幻灯片页面随之发生变化，幻灯片效果如图5-36所示。

3. 从网络下载模板并应用　PowerPoint 2010自带的模板很少，我们可以从网上下载并使用PowerPoint的模板。下载及使用方法如下。

（1）百度搜索 PowerPoint 模板，可搜索到多

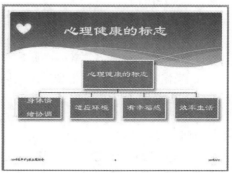

图 5-36　使用模板后的第四张幻灯片

个专业模板网站，注册后可选择合适的模板下载到本地硬盘，下载文件名为 *.potx。如果下载的是压缩文件，必须解压缩后再使用。可以直接打开该模板文件使用；也可通过"设计"选项卡"主题"组中的"其他"命令按钮展开模板选择菜单，单击"浏览主题"命令，打开"选择主题或主题文档"，打开已下载到硬盘上的模板，将其导入到我们的模板库中使用。

（2）通过"设计"选项卡"主题"组中的"其他"命令按钮，展开模板选择菜单，单击"启用来自 Office 的内容更新"命令，下载 Office 提供的模板。

保存幻灯片演示文稿。

【实训评价】

通过讨论、作业帮助学生掌握批量修饰幻灯片演示文稿的技巧。

【注意事项】

演示文稿设置模板后各幻灯片页面内对象格式均有所变化,应复查幻灯片中图文配色、图文位置、大小是否有不合适之处并加以修改。

【实训作业】

新建含三页幻灯片的演示文稿,主题为"班级介绍",内容自定,修改母版为每页幻灯片添加剪贴画,设置演示文稿应用模板"气流"。

任务二 添加幻灯片切换、动画效果

幻灯片切换效果指由一张幻灯片进入另一张幻灯片时的动画效果,幻灯片页内动画效果指为幻灯片内各对象添加动画效果。添加效果可使幻灯片切换、幻灯片放映更具有趣味性。

 案例设计

怎么给幻灯片演示文稿添加动画效果,让它们动起来呢?

讨论:同一页内对象可通过"添加动画"命令设置多种动画效果,请分组讨论如何设置组合动画,以获得更优质的动画效果。

链接

适当的动画能抓住观众的眼睛,协调的组合动画能提升PPT的品质。但凡事适度即可,太多动画或太多图像,若搭配不协调会让人感觉过于花哨。

【实训目的】

熟悉在幻灯片演示文稿中添加幻灯片切换、动画效果的方法。

【实训准备】

1. 软硬件环境准备:Windows 7 操作系统,Office 2010 软件。

2. 操作者准备:联网下载优质幻灯片,观察其动画效果并学习借鉴。

【实验步骤】

(1)打开 C:\关爱心灵 健康成长.pptx,设置第一页幻灯片切换效果为"分割",效果为"中央向左右展开";第 2 ~ 6 页幻灯片切换效果为"轨道"。

①单击任意一张幻灯片,执行"切换"选项卡"切换到此幻灯片"组中的"其他"命令,选择动态内容"轨道",无声音,换片方式为"单击鼠标时"。单击"全部应用"按钮使 1 ~ 6 页幻灯片具有相同的切换效果。

②单击第一张幻灯片,执行"切换"选项卡"切换到此幻灯片"组中的"其他"命令,选择细微型"分割效果";"效果选项"选择"中央向左右展开";声音为"风铃",换片方式为"单击鼠标时"。

(2)为第一页幻灯片标题"关爱心灵 健康成长"设置动画 1 进入效果"缩放",效果选项为"幻灯片中心";副标题为"2016级中护3班主题班会"。设置动画 2 进入效果为"浮入",效果选项为"上浮";标题为"关爱心灵 健康成长"。设置动画 3 强调效果为"陀螺旋",持续时间为 1.50;本页幻灯片第 2、3 页动画顺序互换。

①单击第一页幻灯片标题"关爱心灵　健康成长",执行"动画"选项卡"动画"组中的"其他"命令,选择进入效果"缩放";执行"动画"选项卡"动画"组中的"效果选项"命令,选择"幻灯片中心"。动画 1 设置完成。

②单击第一页幻灯片副标题"2016 级中护 3 班主题班会",执行"动画"选项卡"动画"组中的"其他"命令,选择进入效果"浮入";在"效果选项"命令中选择"上浮"。动画 2 设置完成。

③单击第一页幻灯片标题"关爱心灵　健康成长",执行"动画"选项卡"高级动画"组中的"添加动画"命令,选择强调效果"陀螺旋";调整"动画"选项卡"计时"组中的"持续时间"命令的微调按钮,设置持续时间为 1.50。动画 3 设置完成。

④此时可观察到幻灯片上出现动画顺序 1、2、3,单击数字后可对对应动画效果进行调整。单击数字 3,执行"动画"选项卡"计时"组中对动画重新排序"向前移动"命令 1 次,动画 2、动画 3 顺序互换。

注意:操作方法可参考教学视频。

(3) 保存幻灯片演示文稿。

【实训评价】

分组竞赛完成作业,互评优劣,共同修改,提升实践技能。

【注意事项】

1. 使用"幻灯片放映"选项卡中的"从头开始"或者"从当前幻灯片开始"两个命令可查看动画效果。

2. 同一页内对象可通过"添加动画"命令设置多种动画效果,需注意动画顺序的设置和动作的衔接。

【实训作业】

为第六页幻灯片设置切换动画"旋转";页内自定义动画标题"沟通和交流"设置动画 1 强调效果"波浪形";为标题设置动画 2 退出效果"缩放";为内容中图表设置动画 3 退出效果"弹跳"。

任务三　设置超级链接

超级链接简单来讲,就是指按内容链接。它是一种允许幻灯片同其他网页、站点或文件,以及本文档中的位置之间进行链接的元素。

案例设计

幻灯片也能像网页一样具备页面跳转效果,该怎么制作它呢?

讨论:添加超级链接的作用,灵活使用超链接。

链接

超链接是指从一个网页指向一个目标的链接关系,这个目标可以是另一个网页,也可以是相同网页上的不同位置,还可以是一个图片、一个电子邮件地址、一个文件,甚至是一个应用程序。而在一个网页中当浏览者单击已经链接的文字或图片后,链接目标将显示在浏览器上,并且根据目标的类型来打开或运行。在网页中鼠标指针移动到超链接地址上时,鼠标指针箭头会变成手形。

【实训目的】

熟悉在幻灯片演示文稿中添加超级链接的方法。

【实训准备】

1. 软硬件环境准备：Windows 7 操作系统，Office 2010 软件。

2. 操作者准备：联网下载优质幻灯片，观察其链接效果并学习借鉴。

【实验步骤】

（1）打开 C：\关爱生命 健康成长 .pptx，为第一页幻灯片中的剪贴画对象添加超级链接，链接到网址 http：//www.duanwenxue.com/article/60948.html。

单击第二张幻灯片，单击选中剪贴画，执行"插入"选项卡"链接"组中的"超链接"命令，在弹出的"插入超链接"对话框（图 5-37）中单击链接到"现有文件或网页"，在"地址"文本框中输入网址 http：//www.duanwenxue.com/article/60948.html。单击"确定"按钮，超链接设置完成，在幻灯片放映状态下单击该剪贴画可打开浏览器进入相应网址。

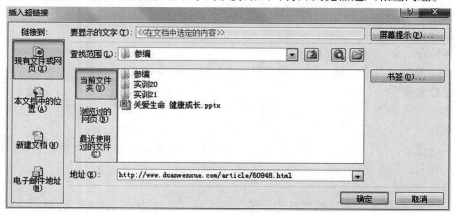

图 5-37 "插入超链接"对话框之网页链接

（2）为第六页幻灯片中标题"沟通和交流"添加超级链接，链接到现有文件 C：\Users\Public\Pictures\Sample Pictures\ 企鹅 .jpg。

单击第六张幻灯片，单击标题"沟通和交流"，执行"插入"选项卡"链接"组中的"超链接"命令，在弹出的"插入超链接"对话框中单击链接到"现有文件或网页"（图 5-38），在"地址"文本框中输入本机上的文件 C：\Users\Public\Pictures\Sample Pictures\Penguins.jpg

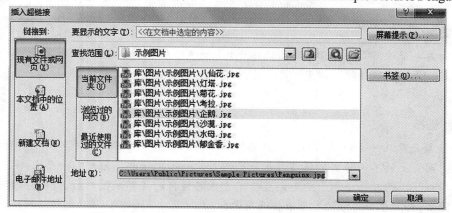

图 5-38 "插入超链接"对话框之链接到现有文件

（也可通过"查找范围"中的地址栏找到该文件），单击"确定"按钮，超链接设置完成。在幻灯片放映状态下单击标题"沟通和交流"即可打开 Windows 示例图片"企鹅"。

（3）为第三页幻灯片中的标题"健康的基本含义"添加超级链接，链接到第五页幻灯片。

单击第三张幻灯片，单击标题"健康的基本含义"，执行"插入"选项卡"链接"组中的"超链接"命令，在弹出的"插入超链接"对话框中单击链接到"本文档中的位置"，在"请选择文档中的位置"列表框中单击选择"5.中学生心理健康标准"选项（图 5-39），单击"确定"按钮，超链接设置完成。在幻灯片放映状态下单击标题"健康的基本含义"即可跳转到第五页幻灯片。

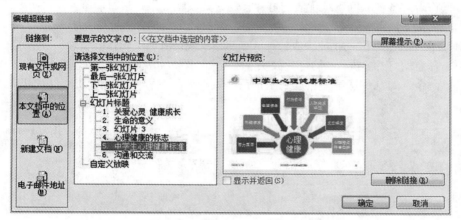

图 5-39 "插入超链接"对话框之本文档内跳转

（4）保存幻灯片演示文稿。

【实训评价】

通过课堂提问、作业评价学生是否具备"幻灯片演示文稿中插入超链接"的能力。

【注意事项】

在一页幻灯片内可为多个对象设置超链接，实现快速打开网页、现有文件或是跳转幻灯片页面。注意对象的链接跳转之间应有一定关联性。

【实训作业】

自选第五页幻灯片中三个对象（可选标题、SmartArt 图形中的文字或形状）添加超级链接。可链接到与对象内容相关的网页、现有文件或文档中的另一幻灯片。

任务四 演示文稿的放映

制作演示文稿的根本目的是向观众放映和展示。不同放映方式会产生不同的放映效果。

 案例设计

你想把制作完成的幻灯片演示文稿播放给大家欣赏吗？怎样才能有最好的播放效果呢？

讨论：如何针对特殊需求设计不同放映方法。

链接

制作演示文稿的最终目的是将其呈现在观众面前。只有掌握了放映演示文稿的各种设置和技巧，才能成功驾驭整个展示过程。幻灯片放映设置一般都通过"幻灯片放映"选项卡来实现。

【实训目的】

熟悉多种放映幻灯片演示文稿的方法。

【实训准备】

1. 软硬件环境准备：Windows 7 操作系统，Office 2010 软件。

2. 操作者准备：联网下载优质幻灯片，观察其放映效果并学习借鉴。

【实验步骤】

（1）打开 C:\关爱生命 健康成长 .pptx，从头开始放映整个幻灯片。

单击任意幻灯片，执行"幻灯片放映"选项卡（图 5-40）"开始放映幻灯片"组中的"从头开始"命令，幻灯片从第一页放映至最后一页，放映过程中单击可使幻灯片切换到下一动作。

图 5-40 "幻灯片放映"选项卡

（2）从第二页幻灯片开始放映第二页至最后一页幻灯片。

单击第二页幻灯片，执行"幻灯片放映"选项卡"开始放映幻灯片"组中的"从当前幻灯片开始"命令，幻灯片从第二页放映至最后一页，放映过程中单击可使幻灯片切换到下一动作。

图 5-41 "自定义放映"对话框

（3）设计放映方案，播放第一页、第三页、第六页幻灯片。

单击任意幻灯片，执行"幻灯片放映"选项卡（图 5-40）"开始放映幻灯片"组中的"自定义幻灯片放映"命令，弹出"自定义放映"对话框（图 5-41），在对话框中单击"新建"按钮新建放映方式，依次单击添加 1、3、6 页幻灯片进入"自定义放映 1"（图 5-42），单击"确定"按钮，"自定义放映 1"设置完成（图 5-43），单击"放映"按钮，1、3、6 页幻灯片放映，放映过程中单击可使幻灯片切换到下一动作。

（4）自动播放演示文稿全部幻灯片，每隔 10 秒翻页。有两种方法可实现自动播放。

①人工设置放映时间：打开演示文稿，单击"切换"选项卡，在"计时"组中设置幻灯片的自动换片时间为 10 秒，单击"全部应用"按钮，将该时间应用于全部幻灯片。单击从头开始放映时自动播放演示文稿全部幻灯片，每隔 10 秒翻页，在幻灯片浏览视图中可显示自动翻页时间（图 5-44）。

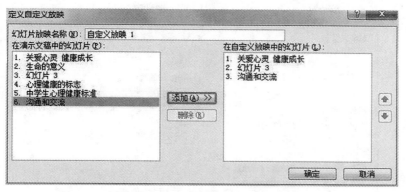

图 5-42 添加第 1、3、6 页幻灯片至"自定义放映 1"

图 5-43 "自定义放映 1"设置完成

图 5-44 幻灯片浏览视图自动翻页时间

②排练计时：单击任意幻灯片，执行"幻灯片放映"选项卡"放映"组中的"排练计时"命令，此时开始放映幻灯片，并弹出"录制"工具栏。以排练方式阅读完每一张幻灯片后单击翻页，排练放映结束后关闭"录制"工具栏，排练计时结束。单击"从头开始"按钮放映时，自动播放演示文稿全部幻灯片，并按排练时每张幻灯片的翻页间隔自动翻页。

（5）查看"设置放映方式"中的三种放映类型（图 5-45）。

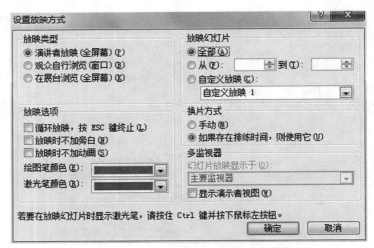

图 5-45 "设置放映方式"对话框

单击任意幻灯片，执行"幻灯片放映"选项卡"设置"组中的"设置放映方式"命令，放映类型包括"演讲者放映"、"观众自行浏览"、"在展台浏览"。依次选择这三种类型并放映，查看这三种放映方式的区别。

(6) 保存幻灯片演示文稿。

【实训评价】

讨论分析不同的播放场景和要求适用哪种不同的放映方式，提升学生实践技能。

【注意事项】

观察不同放映方式对放映效果的影响。

【实训作业】

建立自定义放映 2，播放第 1、2、5 页幻灯片，进行排练计时，翻页时间自定，另存为一个能自动播放 1、2、5 页幻灯片的演示文稿，命名为"自动播放 .pptx"。

实训 20 制作完整的幻灯片

优秀的幻灯片应是内容、母版、配色、动画、演讲及互动的结合，活用模板可大大提高制作效率。

我们已经基本掌握了演示文稿幻灯片制作的各种技巧，怎样才能灵活地将所学技能运用到实际学习、生活和工作中呢？下面完成"个人简历"的制作，"个人简历"是每个人就业面试时的重要武器，是推荐自己的窗口和平台，大家仔细想想：什么样的简历才能更突出自己的优点呢？

讨论：

1. 幻灯片内各对象的位置对版面效果的影响。

2. 参考网上相关内容，发挥创意，修改幻灯片获取更佳个人简历效果。

 链接

PowerPoint 是一个易于掌握的软件，但很多学生在学会基本操作技能后就止步不前，这非常可惜。在这个软件上，只要有一点点好奇心用一点点时间去单击自己从没有用到过的那些按钮，水平就会截然不同。想泛泛地做出 PPT，对于每个初学者来说都不是难事，想制作出精美的 PPT，读者仍需要多努力。

【实训目的】

1. 具备制作、格式设置、放映幻灯片演示文稿相关操作技能。

2. 熟练应用常用幻灯片修饰方法。

【实训准备】

1. 软硬件环境准备：Windows 7 操作系统，Office 2010 软件。

2. 操作者准备：联网下载一张白底护士图片，样式可参考图 5-48。

【实验步骤】

(1) 打开 C 盘，新建演示文稿"个人简历 .pptx"。

(2) 执行"开始"→"新建幻灯片"命令添加第一页幻灯片：在"开始"→"版式"中选择"标题幻灯片"。标题输入"创造一片天空 让我自由飞翔"，字体为楷体、60 号字；副标题输入"XX 学校 护理学院 2016 级 张 XX"，字体为楷体、28 号字；设置模板为"角度"。

①单击标题占位符输入"创造一片天空 让我自由飞翔"，在"开始"→"字体"组设置字体为楷体、60 号字；副标题占位符输入"XX 学校护理学院 2016 级 张 XX"，在"开始"→"字体"组设置字体为楷体、28 号字；单击副标题占位符，选中该占位符，拖动鼠标移动占位符位置。

②在"设计"→"主题"选项卡"其他"命令按钮中选择"角度"模板，效果如图 5-46 所示。

(3) 执行"开始"→"新建幻灯片"命令添加第二页幻灯片，效果如图 5-47 所示，从"开始"→"版式"中选择"空白"选项。插入形状"右箭头"，

图 5-46 第一页幻灯片页面效果

高度为 6.6 厘米，宽度为 8.2 厘米，设置箭头形状样式为"彩色填充 - 橙色，强调颜色 2"，在该形状上添加文字"简介"，微软雅黑，48 号，白色；插入艺术字"介绍 我"，艺术字样式为"渐变填充 - 黑色，轮廓 - 白色，外部阴影"，字体为微软雅黑，"介绍"两个字设置为 36 号、黑色，"我"为 54 号字，颜色为"红色 249，绿色 106，蓝色 27"；插入横排文本框，添加图 5-47 中"姓名：张 XX"等文字，设置字体为微软雅黑，字号为 28，颜色为白色，文本框设置为纯色填充，填充颜色为"红色 249，绿色 106，蓝色 27"。

①添加箭头形状并设置格式：在"插入"→"形状"组中单击右箭头，按图 5-47 中的位置拖动鼠标拖出该箭头形状。单击选中该形状，在"绘图工具"→"格式"→"大小"组中设置高度为 6.6 厘米，宽度为 8.2 厘米；在"绘图工具"→"格式"→"形状样式"组中单击"其他"命令按钮，设置箭头形状样式为"彩色填充 - 橙色，强调颜色 2"；在该形状上右击，在弹出的快捷菜单中选

图 5-47 第二页幻灯片页面效果

择"编辑文字"命令，添加文字"简介"，选中这两个字，在"开始"→"字体"组中设置字体为微软雅黑，字号为48号，文字颜色为白色。

②插入艺术字并设置格式：执行"插入"→"艺术字"命令，选择艺术字样式"渐变填充 - 黑色，轮廓 - 白色，外部阴影"，输入文字"介绍 我"。选中"介绍"两个字，在"开始"→"字体"组中设置字体为微软雅黑、36号、黑色。选中"我"字，在"开始"→"字体"组中设置字体为微软雅黑、54号字，单击文字颜色命令中的"其他颜色"按钮，打开"颜色"对话框，在"其他颜色"选项卡中设置颜色为"红色249，绿色106，蓝色27"。

③插入文本框并设置格式：执行"插入"→"文本框"→"横排文本框"命令，在图5-47所示位置拖动出横排文本框，输入图中文字"姓名：张XX……"；单击文本框边框选中文本框，在"开始"→"字体"组中设置字体为微软雅黑，字号为28，颜色为白色；右击文本框，在弹出的快捷菜单中选择"设置形状格式"命令，在弹出的"设置形状格式"对话框"填充"选项卡中选择"纯色填充"，填充颜色为"其他颜色 / 自定义"中的"红色249，绿色106，蓝色27"，文本框内文字行距设为1.5倍。

图 5-48　第三页幻灯片页面效果

（4）执行"开始"→"新建幻灯片"命令添加第三页幻灯片，效果如图5-48所示，从"开始"→"版式"中选择"空白"。插入横排文本框，添加图5-48中"个人技能……"等文字，设置字体为微软雅黑，字号为32号，冒号左侧文字加粗，颜色为"红色249，绿色106，蓝色27"，冒号右侧文字为黑色。插入图片（图片来自网络下载），图片置于底层，调整图片大小，并拖动至页面左上角。

①插入文本框并设置格式：执行"插入"→"文本框"→"横排文本框"命令，插入横排文本框，添加图5-48中"个人技能……"等文字，在"开始"→"字体"组中设置字体为微软雅黑，32号，冒号左侧文字加粗，颜色为"红色249，绿色106，蓝色27"，冒号右侧文字为黑色，文本框内文字行距为1.5倍。

②插入图片并设置格式（图片来自网络下载）：使用"插入"→"图片"命令，将联网下载的白底护士图片插入到幻灯片中。拖动图片至页面左上角，单击图片，用鼠标拖动图片周围的八个控制点调整图片大小。单击"图片格式"→"工具"→"排列"中"下移一层"命令菜单中的"置于底层"命令。

（5）设置切换动画，设置第一页幻灯片切换动画"窗口"，第二页、第三页幻灯片切换动画"库"，设置自动换片时间为10秒。

单击第一页幻灯片，选择"切换"→"切换到此幻灯片"→"其他"命令，设置切换动画"窗口"；选择"切换"→"计时"组的"设置自动换片时间"选项，并填写时间10秒。单击第二页、第三页幻灯片，设置切换动画"库"，设置自动换片时间为10秒。

（6）设置页内动画。设置第二页幻灯片中动画1："介绍我"强调动画"波浪形"，开始"自上一动画之后"；动画2："姓名……"文本框进入动画"擦除"，效果选择"自顶部"，开始"自上一动画之后"。

①动画1：单击第二页幻灯片中的艺术字"介绍我"，执行"动画"→"动画"→"其他"命令，选择强调动画"波浪形"；在"动画"→"计时"组中设置"开始"为"自上一动画之后"。

②动画 2：单击第二页幻灯片中的文本框"姓名……"，执行"动画"→"动画"→"其他"命令，选择进入动画"擦除"，效果选择"自顶部"；在"动画"→"计时"组中设置"开始"为"自上一动画之后"。

（7）保存幻灯片演示文稿。

注意：各实训操作步骤均有配套操作视频。

【实训评价】

学生分组竞赛完成本实训内容并进行师生评价。

【注意事项】

注意灵活运用拖动法调整幻灯片内各对象的位置，拖动时幻灯片会给出辅助线帮助用户将不同对象对齐。

【实训作业】

将幻灯片内容改为学生个人内容，加入"获奖经历"、"求职意向"两个页面，内容自定。运用课堂中学过的技巧美化幻灯片。

第六章 计算机网络与 Internet 基础

实训 21 网上漫游

任务一 IE 基本操作

浏览器是用于显示网页文件内容并让用户与这些文件交互的一种应用软件。当我们安装好 Windows 7 操作系统后，桌面上就有一个 Internet Explorer 图标，它是 Microsoft（微软）公司开发的浏览器，简称 IE。

 案例设计

学生通过浏览器访问中国卫生人才网进行护士执业资格考试网上报名时，网页下方写着"建议考生使用 IE 浏览器登录网上报名系统"。可见学会使用 IE 浏览器的必要性，下面我们就一起学习 IE 浏览器的基本操作。

讨论：IE 浏览器是安装 Windows 7 操作系统时捆绑安装好的。如果系统中没有 IE 浏览器，可以在"控制面板"下的"添加 / 删除程序"中，通过"安装程序"安装，也可以通过单独的 IE 安装程序或通过网上升级安装 IE 浏览器的各种版本。本案例我们以 IE 10.0 版本为例。

【实训目的】

1. 了解 IE 浏览器的操作界面。

2. 熟悉 IE 浏览器的使用方法。

【实训准备】

1. 软硬件环境准备　学生使用的计算机操作系统中安装好 IE 浏览器，可以使用系统默认安装的 IE 8.0 版本，也可以通过网络升级到 IE 10.0 版本。

2. 操作者准备　学生通过查阅资料了解 WWW、URL、HTTP 的概念。

【实验步骤】

1. 认识 IE 10.0 操作界面　IE 10 浏览器窗口除保持了 Windows 窗口风格外，与以往浏览器版本相比更加清爽简洁，作了全新的调整设计，具有特定的组成。IE 浏览器窗口如图 6-1 所示。

（1）后退、前进按钮：该按钮锁定在窗口左上角，不能拖动。其中后退按钮用于返回前一显示页；前进按钮用于转到当前显示页的下一页。

（2）地址栏：将网站 URL 地址输入，按回车键确认后，IE 浏览器会在 Internet 上搜索并登录到该网站。

图 6-1 IE 10.0 界面

链接

网址也称为 URL（uniform resource location），即统一资源定位器，用来指明网络资源在 Internet 上的位置。由传输协议、主机域名和资源文件三部分组成。例如，网址 http：// www.21wecan.com/rczx/zxjj/index.html 中，"http：//"表示超文本传输协议；"www.21wecan. com"表示主机域名；"rczx/zxjj/index.html"表示资源文件的路径和文件名。

（3）搜索按钮：在地址栏中输入要访问的网站，单击 🔍 按钮，即可打开相关网页。单击搜索按钮旁边的 ▼ 按钮，可显示最近访问网站的历史记录以及收藏夹中的网站。

（4）"刷新"按钮：单击该按钮将重新加载当前页面内容。

（5）设置工具：可以快速打开 IE 设置的网站首页、收藏夹内容、历史记录，并且可以进行打印设置、IE 窗口比例调整以及 IE 版本查看等。

（6）选项卡：显示当前已经打开的网页窗口。

（7）浏览区：浏览区是 IE 浏览器的主要组成部分，其中显示的是当前正在访问的 Web 站点内容。

2. IE 浏览器基本操作

（1）启动 IE 浏览器时，可以双击桌面上的 Internet Explorer 图标或者选择"开始"→"所有程序"→"Internet Explorer"命令，如图 6-2、图 6-3 所示。

图 6-2 桌面 IE 图标

图 6-3 IE 命令

未连接到网络

· 检查确认所有网线都已插好。
· 确认关闭了飞行模式。
· 确保开启了无线交换机。
· 看看能否连接到移动宽带。
· 重启路由器。

修复连接问题

图 6-4　未连接访问

（2）如果未连接到 Internet 就启动 IE 浏览器，系统会提示未连接到网络；连接到 Internet 后，在地址栏中输入网址（如 http：// www.21wecan.com/），即可浏览网上内容，如图 6-4、图 6-5 所示。

【实训评价】

通过本实训任务，让学生能够正确认识并掌握 IE 浏览器的界面及规范的操作方法，为后续的实训打下基础。

【注意事项】

IE 浏览器有众多版本，本例使用的版本为 IE 10.0，在实际操作过程中可通过菜单栏中的"帮助"→"关于 Internet Explorer"选项查看自己当前用的是哪个版本的 IE 浏览器，操作界面及方法大同小异。

图 6-5　已连接访问

【实训作业】

1. 打开自己计算机上的 IE 浏览器，对照回顾浏览器界面并查看版本号。

2. 在地址栏中输入自己所知道的网站地址并打开浏览。

任务二　浏览网站

网站通过架设 Web 服务器以网页的形式发布信息，用户启动浏览器后，在地址栏输入相应的网址，便可以在浏览器窗口中访问网页内容。除此之外，通过修改浏览器的配置，可以让网站浏览起来更加符合用户的习惯。

 案例设计

学生在浏览器地址栏中输入网址 www.21wecan.com 后进入中国卫生人才网的首页，面对丰富多彩的网页内容，该如何对网站内容进行浏览呢？

讨论：网站内容丰富多彩，每个大型网站都是由一级一级的网页组成的，在网站首页看到的都是每一级网页的超链接地址，单击这些超链接地址就会进入到下一级网页中。学生要进行网上报名，就需要找到报名网页的超链接地址并单击它进入报名页面。

链接

超链接是指从一个网页指向一个目标的连接关系，这个目标可以是另一个网页，也可以是相同网页上的不同位置，还可以是一个图片、一个电子邮件地址、一个文件，甚至是一个应用程序。而在一个网页中，当浏览者单击已经链接的文字或图片后，链接目标将显示在浏览器上，并且根据目标的类型来打开或运行。在网页中鼠标指针移动到超链接地址上时会变成手形。

【实训目的】

1. 加深对 IE 浏览器操作界面的认知。

2. 掌握 IE 浏览器的使用方法。

【实训准备】

学生自己查看书籍或者通过老师获取知名网站的地址。例如：

百度 http://www.baidu.com

中国卫生人才网 http://www.21wecan.com

中国护理网 http://www.ccun.cn

【实验步骤】

1. 启动 IE 浏览器打开网站　双击桌面上的 Internet Explorer 图标打开 IE 浏览器，在地址栏中输入中国卫生人才网的网址 http://www.21wecan.com，按回车键即可打开网站首页，如图 6-6 所示。

图 6-6　中国卫生人才网首页

2. 进入下一级网页目录 将鼠标指针移动到网页"人才评价"菜单按钮上，下方会出现级联菜单选项，选择"护士执业资格考试"选项时，鼠标指针变成了手形，表明此处有一个超链接，如图 6-7 所示。单击此超链接就会进入到下一级护士执业资格考试网页，将鼠标指针移动到"网上报名"按钮上时，鼠标指针变成手形，表明此处又有一个超链接，单击此超链接便进入到下一级护士资格考试网上报名入口网页，如图 6-8 所示。从这个案例我们可以得知：一个大型网站都是由一级一级的网页组成的，在网页上移动鼠标时指针变成手形，表明此处是网页的超链接地址，单击这些超链接地址就会进入到下一级网页中。

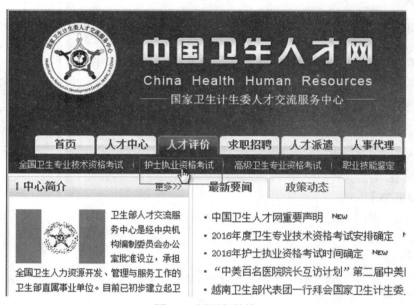

图 6-7　网页超链接

图 6-8　进入下一级网页目录

3. 后退与前进　　在浏览过程中，若想回到上一页，可单击地址栏左边的后退按钮![后退]，每单击一次后退一页；在单击后退按钮后，若想回到新近浏览的页面，可单击前进按钮![前进]，每单击一次前进一页。

4. 刷新网页　　在网页信息显示不完整或是内容已经陈旧的情况下，可以单击地址栏右边的刷新按钮![刷新]，重新将当前网页从 Web 站点传回本地。

5. 网页收藏　　为以后方便找到或打开自己喜欢的网站，可以利用 IE 浏览器提供的站点收藏功能将网站的网址收藏起来。

（1）添加到收藏夹。单击 IE 浏览器菜单栏中的"收藏夹"按钮，选择"添加到收藏夹"命令，如图 6-9 所示。在弹出的"添加收藏"对话框中输入网页的名称，即可将网站添加到收藏夹中，如图 6-10 所示。

图 6-9　添加到收藏夹

（2）整理收藏夹。收藏夹中创建的链接较多，可能会给用户带来不便，为了使收藏夹显得井然有序，用户应该对收藏夹进行不定期的整理。可单击 IE 浏览器菜单栏中的"收藏夹"按钮，选择"整理收藏夹"命令，在弹出的"整理收藏夹"对话框中对众多已收藏的网站进行组织和管理，如图 6-11 所示。

图 6-10　添加收藏

图 6-11　整理收藏夹

6. 保存网页信息

（1）保存整个网页。单击菜单栏上的"文件"按钮，如图 6-12 所示，选择"另存为"命令，

在弹出的"保存网页"对话框中输入要保存的文件名和选择保存的位置后单击"保存"按钮，如图 6-13 所示。在保存时会同时显示两个文件，一个是网页文件，另一个是文件夹，双击刚才保存的网页文件即可打开该网页。

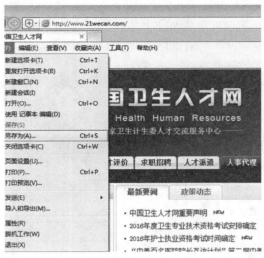

图 6-12　另存网页

图 6-13　"保存网页"对话框

（2）保存网页中的部分文字。如需保存网页中的一部分文字信息，可以通过复制、粘贴的方法，在 Word 中处理即可。

（3）保存网页中的图片。若想保存网页上的图片，可以在图片上右击，从弹出的快捷菜单中选择"图片另存为"命令，打开"保存图片"对话框，选择保存的位置，并设置保存名称和保存类型后，单击"保存"按钮即可保存该图片，如图 6-14 所示。

图 6-14　保存图片

7. 设置 IE 主页 主页是启动 IE 浏览器时显示的初始网页,学生可以根据自己的需要进行设置。例如,将中国卫生人才网(http://www.21wecan.com)设置为浏览器主页。方法为:单击 IE 菜单栏上的"工具"选项,在弹出的下拉菜单中选择"Internet 选项"命令,在弹出的"Internet 选项"对话框中,切换到"常规"选项卡,在设置主页的文本框中直接编辑输入主页网址,或者预先在 IE 窗口地址栏内输入中国卫生人才网的网址,显示页面后,在"Internet 选项"对话框中单击"使用当前页"按钮后单击"确定"按钮即可,如图 6-15 所示。

图 6-15 设置主页

8. 下载网上资源 网上提供的可下载资源很多,常见的有免费软件和文档。例如,学生想下载上传于中国卫生人才网的"2016 年护士执业资格考试大纲"。如图 6-16 所示,进入下载界面后,在提供的下载链接处右击,在弹出的快捷菜单中选择"另存为"命令,打开"另存为"对话框,将文件(一般为压缩文件)保存到本地计算机中即可,如图 6-17 所示。

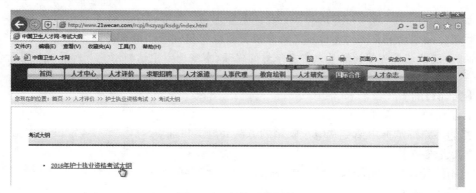

图 6-16 文件下载链接

【实训评价】

通过本实训任务,让学生能够加深对 IE 浏览器操作界面的了解,熟练掌握 IE 浏览器的使用方法。

【注意事项】

网络上的资源丰富多彩,切勿浏览不健康的网站,以免计算机中毒而导致浏览器甚至操作系统损坏。

【实训作业】

1. 打开中国卫生人才网进行护士执业资格考试相关政策页面的浏览。

2. 将中国卫生人才网设为首页,并对 2016 年护资考试大纲文件进行下载。

图 6-17 保存下载文档

实训 22　电子邮件

任务一　申请电子邮箱

电子邮件（electronic mail，E-mail）是用户之间通过计算机网络收发信息的服务。同传统信件一样，电子邮件也是用某种形式的"地址"来确定传送目标的，即电子邮箱。Internet 用户都可以向 ISP 机构申请一个自己的电子邮箱。

链接

ISP 全称为 Internet service provider，即因特网服务提供商，能提供拨号上网服务、网上浏览、下载文件、收发电子邮件等服务，是网络最终用户进入 Internet 的入口和桥梁。它包括 Internet 接入服务和 Internet 内容提供服务。目前常见的 ISP 机构有搜狐、雅虎、网易、新浪、腾讯等。

案例设计

通过前面的学习，学生已经掌握如何使用浏览器打开中国卫生人才网并进入网上报名页面，但登录报名系统需要填写邮箱地址。如何申请属于自己的邮箱地址呢？

讨论：ISP 提供的邮箱有两种，一种是免费邮箱，容量较小，服务也比较少。另一种是收费邮箱，必须向 ISP 机构支付一定的费用，收费邮箱可以让用户得到更好的服务，无论在安全性、方便性还是邮箱的容量上都有很好的保障。本案例以申请新浪免费邮箱为例进行学习。

【实训目的】

1. 了解电子邮箱地址的组成。

2. 能够熟练掌握申请免费电子邮箱的方法并融会贯通。

【实训准备】

使用的计算机必须能够连接到 Internet，浏览器能够正常使用。

【实验步骤】

（1）启动 IE 浏览器，在地址栏内输入新浪邮箱地址（http：//mail.sina.com.cn），进入新浪邮箱首页，如图 6-18 所示。

（2）单击"注册"按钮，进入邮箱注册界面，按照提示在邮箱地址文本框中输入用户名，域名选择 sina.com，输入密码和验证码，如图 6-19 所示。

图 6-18　新浪邮箱首页

图 6-19　邮箱注册

链接

一个完整的 E-mail 地址格式为：用户名 @ 域名。其中用户名是用户信箱的名称，是唯一的；@ 表示"在"（at）；域名是用户邮件服务器所在的位置。

（3）选中"我已阅读并接受"复选框，之后单击"立即注册"按钮，注册成功后系统自动登录跳转到自己的电子邮箱，邮箱地址为 jsj_2016@sina.com，如图 6-20 所示。

【实训评价】

通过本实训任务让学生了解电子邮箱地址的格式以及申请免费电子邮箱的方法，并能够融会贯通地申请到其他域名的电子邮箱。

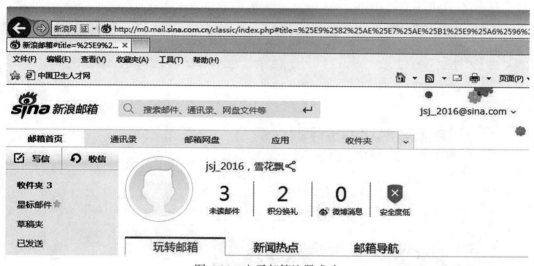

图 6-20　电子邮箱注册成功

【注意事项】

电子邮箱地址是唯一的，在申请过程中填写用户名时可能会与其他用户冲突，因此尽量将用户名命名为字母、数字、下划线组合在一起，以避免冲突。

【实训作业】

申请一个属于自己的电子邮箱。

任务二　编辑与收发电子邮件

在网页上采用浏览器方式收发电子邮件是很多用户经常采用的方式，这种方式不需要进行特别设置，只需要知道邮箱账号和密码即可登录邮件服务器。

案例设计

学生小宁用刚申请到的邮箱账号成功登录了中国卫生人才网进行护士执业资格考试网上报名，需要上传自己的免冠照片，但照片不符合中国卫生人才网的要求，于是小宁求助老师，老师告诉小宁将照片通过邮箱发给他。该怎样操作呢？我们一起来帮帮小宁。

讨论：要通过邮箱将自己的照片发送给对方，首先需要知道对方的邮箱地址，然后将照片通过添加附件的形式发送到对方的邮箱中，对方用相同的方式发送到你的邮箱中，接收到对方发来的邮件时，通过下载附件的方法将照片下载下来。

【实训目的】

熟练掌握在 Internet 上收发电子邮件的方法。

【实训准备】

学生将照片通过自己申请到的邮箱发送到老师的邮箱（jsj_2016@sina.com）中。

【实验步骤】

1. 打开邮箱   启动 IE 浏览器，在地址栏内输入新浪邮箱地址（http://mail.sina.com. cn），进入新浪邮箱首页，如图 6-21 所示，输入自己申请的免费邮箱地址和密码，单击"登录"按钮即可打开邮箱，如图 6-22 所示，若有新邮件则在收件夹中就会有"未读邮件"的提示。

图 6-21　新浪邮箱登录界面

图 6-22　进入新浪邮箱

2. 发送电子邮件

（1）在如图 6-22 所示的邮箱管理界面中单击"写信"按钮，初次写信时会弹出如图 6-23 所示设置昵称和个性签名的对话框，可以选择"设置"命令，也可以单击右下角的"下次再说"按钮。单击"确定"按钮后即可进入邮件编辑窗口，如图 6-24 所示。

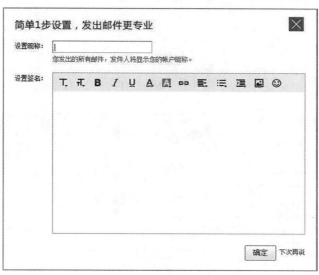

图 6-23　设置昵称和个性签名

图 6-24　邮件编辑窗口

（2）"收件人"框中可以输入多个电子邮箱地址，地址之间用逗号或者分号隔开。如果设置了地址簿，则收件人就可以从地址簿中添加。如需要还可以输入抄送人、密送人等，如图 6-25 所示。

（3）在"主题"框中输入电子邮件主题，在正文区可编辑信件内容，也可以在 Word 或写字板中写好内容后再将其复制、粘贴过来，单击"添加附件"按钮，选择并插入要发送给对方的文件，如图 6-26 所示。

图 6-25 添加收件人

图 6-26 添加附件

（4）邮件设置完毕后，检查输入的电子邮箱地址是否正确，如地址格式错误，则无法发送。最后单击"发送"按钮，完成邮件发送，如图 6-27 所示。

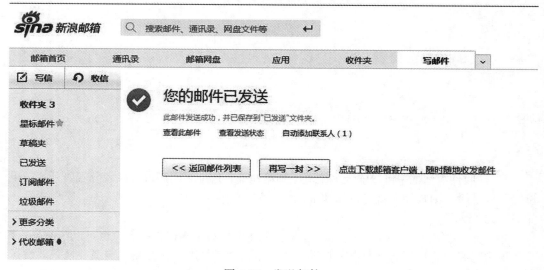

图 6-27 发送邮件

3. 接收邮件

（1）当老师登录邮箱时，发现有未读邮件，单击"未读邮件"链接，看到由 ningzi8535@sina.com 发来的邮件带有附件"1 寸 .jpg"，如图 6-28 所示。

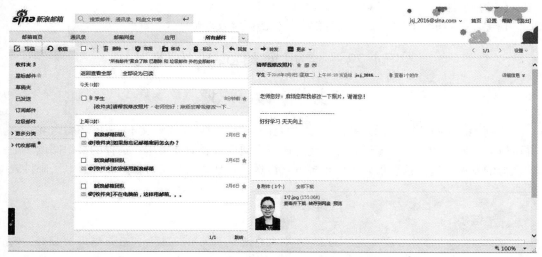

图 6-28　接收电子邮件

（2）如果附件内容较多，可以单击"全部下载"按钮，下载的内容将自动打包成压缩文件。如果仅有一个文件，可以单击"查毒并下载"按钮，将文件单独保存，如图 6-29 所示。

图 6-29　下载附件

【实训评价】

通过本实训任务，让学生熟练掌握在 Internet 上收发电子邮件的方法，改变学生传统思维，增强学生开拓创新的意识。

【注意事项】

网络上有很多黑客利用病毒邮件窃取用户信息，破坏用户计算机系统，因此在接到陌生人发来的邮件时请不要随意打开，以免中毒。

【实训作业】

请编写一封电子邮件，添加附件发送给你的同学或老师。

实训 23　常用网络工具的使用

任务一　微　博

微博（microblog）又称微博客，是一种允许用户及时更新简短文本（通常少于 140 字）并可以公开发布的微型博客形式。它允许任何人阅读或者只能由用户选择的群组阅读。随着微博的发展，这些信息可以被以很多方式传送，包括短信、实时信息软件、电子邮件或网页。

链接

博客（blog）的全名应该是 Web log，中文意思是"网络日志"，后来缩写为 blog，而博主（blogger）就是写博客的人。博客是继 E-mail、BBS、ICQ 之后出现的第四种网络交流方式，是以超级链接为武器的网络日记，代表着新的生活方式和新的工作方式，更代表着新的学习方式。相对于传统博客的长篇大论，微博发布的内容则非常简短，仅发表看法，表达心情，抒发情感，因此也被称为"一句话博客"。

案例设计

学生小宁护士资格考试报名成功了，听同学说微博上有好多学姐分享了她们的考试经验，因此也想申请注册一个属于自己的微博，看看学姐分享的经验。让我们和小宁一起学习怎样申请注册微博吧。

讨论：微博最明显的优势在于，打通了移动通信网与互联网的界限，无论在哪里，作为微博用户，用手机就可以发表自己的最新信息，和好友分享自己的快乐。尤其是手机进入 4G 时代，数据传输速度极快，因此用户可以通过微博轻松地将心情、消息以文字或图片的形式上传到网上。本实训任务以新浪微博为例进行学习。

【实训目的】

通过本任务的学习，使学生掌握并接受微博这一新的生活方式、新的工作方式、新的学习方式。

【实训准备】

通过上网搜索进一步了解相关博客和微博的概念，查找并记录有关医学的微博账号。

【实验步骤】

1. 进入微博首页　启动 IE 浏览器，在地址栏内输入新浪微博地址（http：//weibo.com/），进入新浪微博首页，如图 6-30 所示。

2. 注册微博账号　单击图 6-30 中的"立即注册"按钮，进入图 6-31 所示的微博注册页面，按照提示填写邮箱地址，设置密码，填写验证码后单击"立即注册"按钮。如果像小宁一样，已经注册过新浪的邮箱地址（ningzi8535@sina.com），可以利用此邮箱地址开通微博，按照

图 6-30　新浪微博首页

图 6-32 提示填写相关信息后单击"立即开通"按钮。此时系统要求进行短信验证,输入手机号,获取验证码后单击"提交"按钮即可注册成功,如图 6-32 所示。

图 6-31　注册微博

图 6-32　填写注册信息

3. 关注微博好友　在图 6-33 微博界面中的"找一找"文本框中输入感兴趣的人

图 6-33　微博注册成功

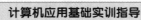
或者事物并单击搜索按钮，即可搜索出很多博主，单击"关注"按钮以后，便可以看到该博主分享的资源。图 6-34 所示为小宁搜索了"护士执业资格考试"后显示的内容。

图 6-34　关注微博好友

4. 用移动设备登录微博　　如图 6-35 所示，用移动设备下载微博客户端（按图 6-30 所示不同系统下载不同版本客户端），输入账号和密码即可登录自己的微博，单击"+"按钮，可随时随地发布心情，分享资源，如图 6-36 所示。

图 6-35　移动设备登录微博

图 6-36　查看和分享信息

【实训评价】

微博是近几年流行起来的一种网络交流工具，让天南海北的人不再感觉遥远。通过本实训任务，让学生认识微博，掌握并接受微博这一新的生活方式、新的工作方式、新的学习方式。

【注意事项】

在微博的世界里虽然言论自由，但切勿发表和转发类似谣言、诽谤等消息。

【实训作业】

1. 请在计算机或者手机端下载注册自己的微博账号，查找关注自己感兴趣的事情和博主。

2.编写微博，分享自己开通微博后的心情。

任务二　腾讯QQ

QQ是深圳腾讯计算机通讯公司于1999年2月11日推出的一款免费的基于Internet的即时通信软件（IM）。我们可以使用QQ和好友进行交流，实现图片或相片即时发送和接收、语音、视频面对面聊天等。此外，QQ还具有聊天室、点对点断点续传文件、共享文件、QQ邮箱、网络收藏夹、发送贺卡、与移动QQ客户端实时连接等功能，是目前中国使用量最大、用户最多的即时通信软件。

 案例设计

为了顺利通过护士资格考试，小宁报了一个护资培训班，培训老师让大家都加一个QQ群以方便联系，小宁从未接触过QQ，于是向老师求助。下面让我们跟着老师的讲解一起学习使用即时通信软件腾讯QQ。

讨论： 经过多年的发展，腾讯QQ软件已经由最初的单一通信功能发展成为功能强大、应用丰富的综合型应用软件。本任务主要以PC端QQ为例，了解如何下载QQ客户端软件、申请QQ账号、即时聊天、远程协助、QQ群、PC端QQ和移动端QQ互连。

【实训目的】
熟练掌握即时通信和网络交流工具的使用方法和技巧。
【实训准备】
1.腾讯QQ官方网址 http：//im.qq.com。
2.可以上网的智能手机（非必需）。
【实验步骤】
1.下载安装QQ客户端软件，申请QQ账号
1）下载PC版和手机版QQ

启动IE浏览器，在地址栏内输入腾讯QQ官方网址（http：//im.qq.com），进入腾讯QQ首页，如图6-37所示。在QQ PC版页面单击"立即下载"按钮，以PC版QQ 8.1为例，下载完成后即可安装，安装完成后在桌面会出现腾讯QQ的快捷方式，双击运行，出现QQ登录界面，如图6-38所示。

图6-37　腾讯QQ首页

图6-38　QQ登录界面

在如图6-39所示的QQ手机版页面单击"立即下载"按钮，选择适合自己手机系统的

QQ手机端6.2.3版本扫描二维码，下载完成后在手机端安装，运行后的QQ登录界面如图6-40所示。

图 6-39　QQ 手机版下载　　　　　　　　图 6-40　手机 QQ 登录

2）申请 QQ 账号

在图 6-38 所示页面单击"注册账号"按钮，进入 QQ 账号注册界面，如图 6-41 所示。根据提示填写相关内容后，单击"提交注册"按钮，注册成功页面如图 6-42 所示，这时一定要记下申请到的 QQ 号码。

图 6-41　注册 QQ 账号界面　　　　　　图 6-42　QQ 账号注册成功界面

2. 登录 QQ 添加好友，即时聊天

1）登录 QQ 添加好友

在图 6-38 所示页面输入自己的 QQ 号码和密码，就可以登录 QQ 了，登录后的界面如图 6-43 所示。在 QQ 界面上单击"查找"按钮，弹出"查找"对话框，在"找人"选项卡下输入对方的 QQ 号码，单击"查找"按钮。查询结果会出现在下方列表中，然后单击"+好友"按钮即可完成添加操作，如图 6-44 所示。

图 6-43 QQ 界面

图 6-44 添加好友

链接

Web QQ 是腾讯公司推出的基于浏览器的网页版 QQ，其特点是无须下载和安装 QQ 客户端软件，只要打开 Web QQ 的网站（http://web.qq.com）即可登录 QQ，与好友保持联系。

2）即时聊天

在 QQ 界面上，双击好友头像即可弹出聊天窗口。在聊天窗口中可以发送和接收信息、视频或语音会话、发送文件、创建讨论组、屏幕截图以及远程协助等，如图 6-45 所示。

3.远程协助 QQ 提供了远程协助功能，可以让好友控制自己的计算机，从而帮助自己解决计算机操作方面的难题。

小宁正在和老师聊天，想让老师远程帮自己解决计算机问题，于是单击图 6-45 所示的"远程桌面"按钮，选择向老师发送远程协助请求，如图 6-46 所示。老师计算机上的聊天窗口中将收到小宁发来的远程协助请求，老师单击"接受"按钮接受请求后，即可远程控制小宁的计算机了，如图 6-47 所示。

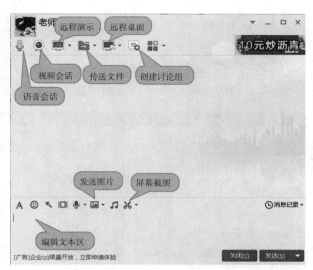

图 6-45 聊天窗口

图 6-46　发送远程协助请求　　　　　　　　图 6-47　接受协助请求

图 6-48　QQ 群界面

4.QQ 群　QQ 群是腾讯公司推出的多人交流的服务。用户可以自己创建群成为群主，也可以申请加入别人创建的群。群主在创建群以后，可以邀请好友加入该群，或者接受陌生人的主动申请允许其加入该群，群内成员之间可以方便地交流。在群内除了聊天，腾讯还提供了群空间服务，在群空间中，用户可以使用论坛、相册、共享文件等多种交流方式。

（1）创建 QQ 群。

单击图 6-43 QQ 界面中的群标签图标 ，进入 QQ 群界面，如图 6-48 所示。若没有加入群，系统会提示可以主动"找群"申请加入，或者"创建我的第一个群"。若想创建自己的群，可以按照提示一步步进行操作创建自己的群，如图 6-49 ～图 6-52 所示。

（2）查找 QQ 群。

在图 6-48 界面的"找群"文本框中输入群号或者感兴趣的群关键字，单击"找群"按钮，系统自动筛选出想要查找的群，如图 6-53 所示。找到自己想要加入的群，单击"+

图 6-49　选择群类别

图 6-50　填写群信息

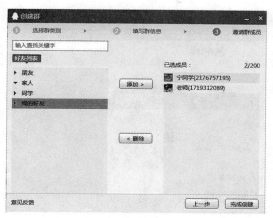

图 6-51　邀请群成员

图 6-52　创建群成功

加群"按钮，若管理员设置了权限限制，则需要同意申请后方可加入；若没有权限限制，则可以直接加入该群，如图 6-54 所示。

图 6-53　找群

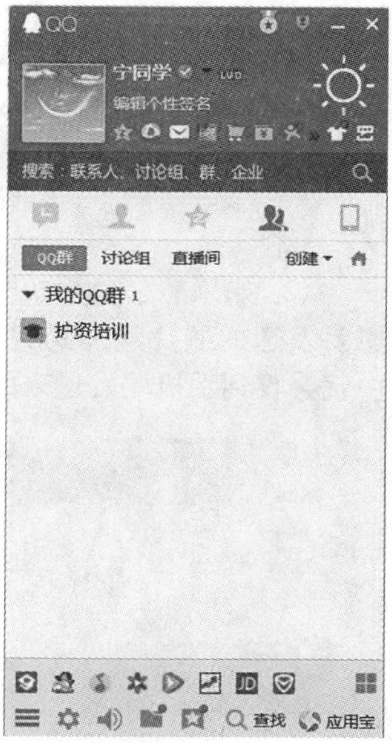

图 6-54　加群

（3）群聊。

成员在加入群后便可以在群里发送信息、图片等，发送的这些对象群内的成员都可以看到，如图 6-55 所示。

5.PC 端 QQ 和移动端 QQ 互连　在实际应用中，我们常常需要将手机内的照片、文件等内容传送到计算机，或是将计算机里的文件发送到手机，同时在 PC 端和手机端登录一个 QQ 号即可实现。

（1）打开 PC 端的 QQ 联系人，发现"我的设备"目录下"我的 iPhone"图标被点亮，表

图 6-55　群聊

明手机端 QQ 已经登录，如图 6-56 所示。打开手机端的 QQ 联系人，发现"我的设备"目录下"我的电脑"图标被点亮，表明 PC 端 QQ 也已经登录，如图 6-57 所示。

图 6-56　PC 端 QQ　　　　　　　图 6-57　手机端 QQ

（2）如果想要将手机中的照片发送到计算机中，则双击手机端"我的电脑"图标，将想要发送的照片添加到编辑文本区并单击"发送"按钮，如图 6-58 所示。在 PC 端的 QQ 中就会收到手机端发送来的照片，即可保存到计算机中，如图 6-59 所示。

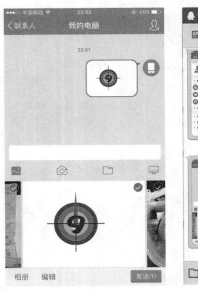

图 6-58　手机端发送照片　　　　　图 6-59　PC 端接收照片

【实训评价】

通过本实训任务使学生熟练掌握即时通信软件 QQ 的使用方法，解决日常学习、工作

中遇到的实际问题。

【注意事项】

1. 下载 QQ 软件时到腾讯官方网站下载，避免计算机中病毒。

2. 在使用 QQ 软件进行实时交流的过程中，要尽量避免打开陌生人发来的链接文件，这些文件很有可能是被植入木马程序的病毒文件。

【实训作业】

1. 注册申请 QQ 账号，登录 QQ 与其他同学演练远程协助。

2. 创建自己的群，并添加同学进入群聊。

任务三　微　　信

微信（WeChat）是腾讯公司于 2011 年 1 月 21 日推出的一个为智能终端提供即时通信服务的免费应用程序，微信提供公众平台、消息推送等功能，用户可以通过"摇一摇"、"搜索号码"、"附近的人"、"扫二维码"添加好友和关注公众平台，用户可以将精彩内容分享到微信朋友圈。

 案例设计

在复习护资考试的过程中，小宁看到周围的同学都用智能手机进行语音和视频交流学习，查看别人分享的朋友圈新鲜事，听同学说这是一个叫微信的手机 App。于是自己也下载了微信，开始使用微信和大家交流。

链接

App 是英文 Application 的简称，随着智能手机和 iPad 等移动终端设备的普及，人们逐渐习惯了使用 App 客户端上网的方式，现在的 App 多指智能手机的第三方应用程序。

讨论：由于微信支持发送语音短信、视频、图片和文字，可以群聊，且消耗流量很少，如果接入免费 WiFi，对于个人用户而言则完全免费，并且支持大部分智能手机，因此被广泛使用。本任务以苹果 iOS 系统版本为例学习下载和使用微信，其他系统版本大同小异。

链接

WiFi 中文名为无线保真，是一种可以将个人电脑、手持设备（如 PDA、手机）等终端以无线方式互相连接的技术，事实上它是一个高频无线电信号。

【实训目的】

1. 熟练掌握微信的使用方法和技巧。

2. 开拓思维，学习一种全新的生活方式、学习方式、工作方式。

【实训准备】

1. 可以上网的智能手机一台。

2. 微信客户端软件。

【实验步骤】

1. 下载微信客户端并注册账号

（1）启动手机浏览器，在地址栏输入微信官方网址（http：//weixin.qq.com），单击手机键盘上的"前往"或者"进入"按钮，即可打开手机微信客户端下载首页，如图6-60所示。单击"免费下载"超链接后进入如图6-61所示的下载界面，单击"打开"按钮即可自动下载到手机桌面上，如图6-62所示。

图6-60　手机微信下载首页　　　图6-61　下载手机微信　　　图6-62　微信手机端

链接

　　安卓（Android）系统版本的手机下载微信客户端时，可以在手机助手等第三方软件中搜索，然后下载安装。

（2）注册微信账号。单击手机屏幕上的微信图标，即可打开微信手机客户端软件，如图6-63所示。单击"注册"按钮进入如图6-64所示界面，输入自己的手机号按提示操作即可注册成功。注册好之后再次输入手机号、密码即可登录，如图6-65所示。

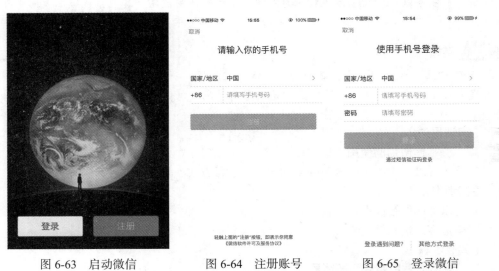

图6-63　启动微信　　　图6-64　注册账号　　　图6-65　登录微信

2. 使用微信

（1）登录微信后的界面共有四个选项。

"微信"选项列出历史聊天记录，如图 6-66 所示。单击右上角的"+"按钮可发起群聊（类似 QQ 中的创建群），添加好友（搜索好友手机号或者微信号，还可添加公司或个人微信公众号），扫一扫（扫好友的二维码或者安装 App 软件也可以使用扫一扫功能），微信支付；"通讯录"选项列出所有的微信好友，如图 6-67 所示。单击右上角的  按钮可以添加好友，如图 6-68 所示；"发现"选项列出微信的特色功能，如朋友圈、附近的人、漂流瓶等，如图 6-69 所示；"我"选项是对自己的微信账号进行设置及查看自己发布和收藏的消息，如图 6-70 所示。

图 6-66　历史记录

📚 **链接**

微信公众号是开发者或商家在微信公众平台上申请的应用账号，通过公众号，商家可在微信平台上实现和特定群体的文字、图片、语音、视频的全方位沟通与互动。

（2）使用微信聊天和发"朋友圈"消息。

选择图 6-67 通讯录中的好友进行聊天，可以发送文字、图片、声音、视频等信息，如图 6-71 所示。

单击图 6-69"发现"中的"朋友圈"选项，可以查看微信好友发布的信息。单击右上角的 📷 按钮，可以发布视频 + 文字或图片 + 文字的混合信息，如果长按 📷 按钮 3 秒，可以只发送文字信息，如图 6-72 所示。

图 6-67　通讯录

图 6-68　添加好友

图 6-69　发现功能

【实训评价】

移动互联网是未来网络发展的趋势，通过本任务的学习，使学生掌握智能移动终端连接互联网的使用,对开拓思维,适应一种全新的生活方式、学习方式、工作方式有极大的好处,并为后续知识的学习打下基础。

 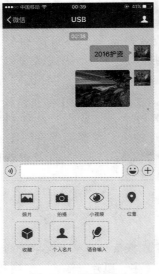 

图 6-70 设置微信   图 6-71 微信聊天   图 6-72 发布"朋友圈"

【注意事项】

微信丰富了人们的生活,拉近了人与人之间的距离,但人们在使用此类软件时应保持警惕,要保护好个人信息,不要轻易通过微信接受陌生人的见面邀请,更不能轻易将自己的证件及个人财物交与刚认识不久的人。

【实训作业】

在自己的智能手机上下载微信客户端、申请微信账号、添加微信好友、发布朋友圈。

第七章　医学信息学基础

实训 24　医院信息管理系统

任务一　门诊挂号管理子系统

门诊挂号管理子系统是对门诊挂号进行综合性管理的子系统，包括"快速建档"、"门诊挂号"、"挂号列表"等功能。

 案例设计

从使用门诊挂号管理子系统开始逐步学习使用医院信息管理系统。

讨论：传统的手工挂号易出错、效率低，而门诊挂号管理系统能方便地进行退号及换号处理、打印挂号单和各种报表、查询挂号等操作，大大提高了工作效率。

【实训目的】

1.熟悉医院信息管理系统。

2.学会使用门诊挂号管理子系统。

【实训准备】

1.软硬件环境准备　安装有医院信息管理系统的计算机。

2.操作者准备　了解手工挂号的特点。

【实验步骤】

1. 快速建档　快速建档是对患者的信息进行快速录入、快速建卡、建档的，主要用于在医院启用社区医疗电子健康档案系统或院内一卡通子系统等情况。具体操作如下：选择"门诊管理"→"快速建档"选项，弹出"快速建档"窗口，如图 7-1 所示。正确填写"病员姓名"、"出生日期"、"联系电话"、"联系住址"等信息。

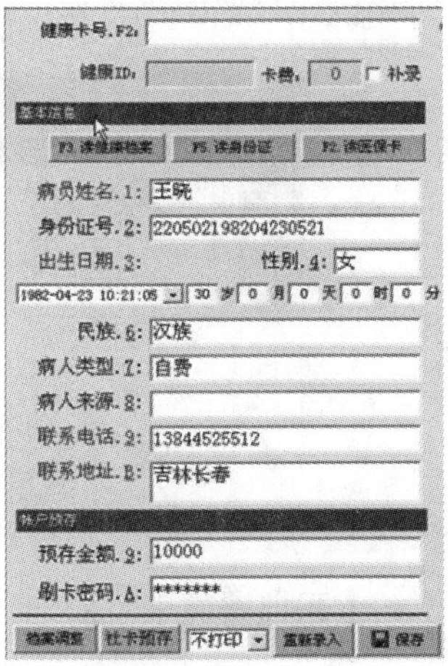

如果医院有健康档案，"读健康档案"可以直接获取信息；如果医院接有身份证读卡器，"读身份证"可以直接获取身份证基本信息；如果医院接有医保读卡器，"读医保卡"可以直接获取医保卡上的基本信息。单击"保存"按钮，提示是否保存，选择"是"保存当前信息，选择"否"则不保存。

2. 门诊挂号　门诊挂号是对一般门诊患者进行挂号操作。具体操作如下：执行"门诊管理"→"挂号收费"菜单命令，弹出如图 7-2 所示的"挂号收费"窗口。输入患者姓名、出生日期，

图 7-1　快速建档

选择患者需挂的科室，选择患者指定的医生。在"收费方式"中可以选择手工指定挂号费、按类别收挂号费、按科室收挂号费、按医生收挂号费；在"挂号类别"中可以选择普通、优惠、主任医师、专家；在挂号金额中如果收费方式是"按类别收挂号费"、"按科室收挂号费"、"按医生收挂号费"则挂号金额已经确定不能改变，如果收费方式是"手工指定挂号费"，则挂号金额需手工输入。

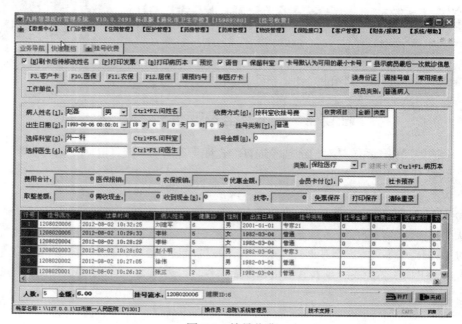

图 7-2　挂号收费

3. 挂号列表　　挂号列表是挂号收费后生成的一张挂号单所存放的列表，主要用于查询特定时间内的挂号明细情况，并对相关票据进行补打票据、修改、作废挂号等操作，如图7-3 所示。单击"补打票据"按钮即可打印需要补打的挂号单据；单击"修改"按钮即可对需要修改的挂号单据进行修改操作，但是"挂号类型"不能修改；单击"作废"按钮即可对相应挂号票据进行作废操作。

图 7-3　挂号列表

【实训评价】

本实训任务是让学生使用门诊挂号管理子系统进行挂号操作，使学生对医院管理信息系统有初步的了解。

【注意事项】

在打开下拉列表框时,可用方向键"↑"、"↓"进行快速选择。如果选中"票"复选框,则在保存时打印发票,否则将不打印。

【实训作业】

了解并试着使用医院管理信息系统的其他子系统。

任务二 门诊护理工作站子系统

门诊护理工作站子系统是对门诊患者相关治疗项目执行管理的系统,包括对门诊输液、门诊注射、门诊换药等项目的管理。

 案例设计

以门诊挂床输液为例,介绍利用门诊护理工作站子系统执行医嘱的操作方法。

讨论:传统的方式中,护士在执行医嘱的过程中常因手工抄写发生的转抄错误、执行错误,导致办公效率低,引发诊治等待时间过长,以往治疗信息查询困难等一系列问题,而使用医院管理信息系统中的门诊护理工作站子系统能使护士快速、准确地执行医嘱。

【实训目的】

1.熟练使用门诊护理工作站子系统。

2.加深学生对医院管理信息系统的认知。

【实训准备】

1.安装有医院管理信息系统的计算机。

2.了解传统方式中护士执行医嘱的过程。

【实验步骤】

执行"医护管理"→"门诊护理工作站"命令,弹出如图7-4所示的"门诊护理工作站"窗口。

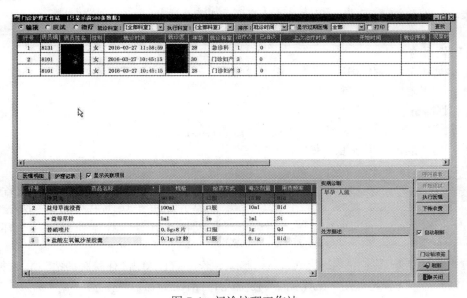

图7-4 门诊护理工作站

（1）只有在门诊医生工作站上的电子处方中，单击"F8在院挂床治疗"项，才会产生医嘱。

（2）需做皮试的患者，单击"开始皮试"按钮，正在做皮试与做完皮试的患者用颜色来区分。

（3）单击"执行医嘱"按钮，打开"门诊医嘱执行"对话框。

（4）单击"执行描述"按钮，选择皮试结果"阴性"或者"阳性"，以便医生查阅，单击"确定"按钮完成皮试医嘱操作。

（5）如有医院需打印输液签，单击"门诊输液签"按钮，打开"选择报表样式"窗口。

（6）选择打印格式"门诊输液瓶贴"及打印机，单击"打印"按钮完成操作。

（7）护理人员即可根据"门诊输液贴"进行输液操作。

【实训评价】

本实训任务是让学生使用门诊护理工作站子系统执行医嘱操作，使学生对医院管理信息系统有进一步了解。

【实训作业】

1. 熟练使用门诊护理工作站子系统。

2. 了解并试着使用医院管理信息系统的其他子系统。

实训 25　电子病历管理系统

医院通过电子病历系统以电子方式记录患者的就诊信息，包括首页、病程记录、检查检验结果、医嘱、护理记录等。它涉及住院患者在整个住院治疗过程中的信息采集、存储、传输、质量控制、统计和利用。

 案例设计

以全结构化病历书写子系统为例，了解电子病历系统。

讨论: 全结构化电子病历书写系统主要是对结构化电子病历进行书写以及相关病历、医疗文案、各类文档、记录、同意书等的编撰管理子系统。

【实训目的】

1. 会使用全结构化病历书写子系统书写病历。

2. 全面了解电子病历系统。

【实训准备】

1. 软硬件环境准备　安装有电子病历系统的计算机。

2. 操作者准备　了解手工书写病历的特点。

【实验步骤】

1. 收治患者入科　收治患者入科是开始电子病历书写的第一步，是住院医生开始诊疗工作的第一个环节，其操作方法如下。

图 7-5　住院医生工作站

（1）单击"住院医护站"项，选择"医生工作站"选项，弹出如图 7-5 所示的"住院医生工作站"窗口。

（2）单击"收治病员"按钮，弹出如图 7-6 所示的"收治病员入科"窗口。

收治患者有两种操作方式，一是从已经在 HIS 中办理了入院登记的患者中直接收治，单击"从 HIS 中获取资料"按钮，在弹出的对话框中双击选中相应患者，在收治患者窗口补齐相应数据保存即可；二是在独立使用的电子病历系统中直接录入患者信息。

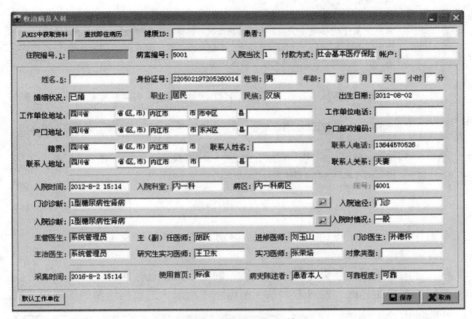

图 7-6　收治患者入科

　　2. 新建病历文档　新建病历文档是从电子病历文档的编辑开始，选择需要新建的病历文档即可开始新文档的编辑。具体操作步骤如下。

　　(1) 在住院医生工作站窗口中双击选择相应患者。

　　(2) 在左侧的属性菜单中，选中需要建立的相应病历文档类型。

　　(3) 利用"新建病历文档"功能建立新的病历文档。

　　(4) 选择所需模板，单击"选用"按钮即可。

　　3. 病历书写　病历书写是电子病历系统的主要工作，手动编辑功能操作方法如下。

　　(1) 通过"新建病历文档"功能建立新的病历文档。

　　(2) 单击"浏览文档"下拉菜单选择"编辑文档"功能。

　　(3) 选择病历编辑区，如图 7-7 所示，依照 Word 编辑模式进行文档录入。

　　链接

　　在病历文档编辑过程中，除了可以直接进行文字录入编辑外，还可以通过自动引用、元素引用、医学表达式等形式进行电子病历的撰写。

　　4. 三测单　三测单是在住院治疗过程中非常重要的过程控制文档之一，主要是通过对患者的体温、脉搏、呼吸曲线的绘制，以及血压等信息的记录，反映出某种疾病的某一阶段，甚至反映病情好转或恶化情况的记录表。操作方法如下。

　　(1) 在住院电子病历窗口左侧的树状菜单中双击"体温单"选项。

　　(2) 可以通过"日期\页码"下拉菜单选择浏览第几张或某一天的三测单数据。

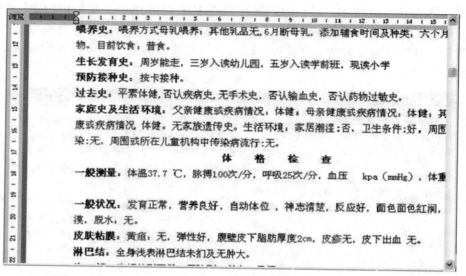

图 7-7　病历编辑

（3）单击"录入体温"按钮，弹出如图 7-8 所示的"体温单录入"界面。

（4）选择测量体温的部位。

（5）录入体温、脉搏、呼吸等参数，单击"确定"按钮进行保存。

（6）返回三测单主界面，便可看到系统根据刚才所录入的数据绘制的三测单曲线。

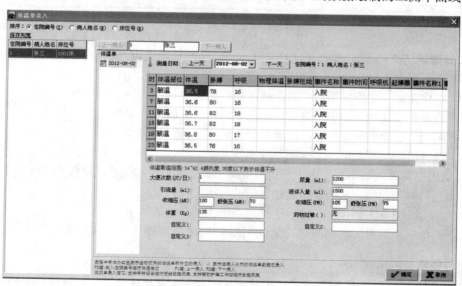

图 7-8　体温单录入

5. 护理记录单　　护理记录是具有合法的执业护士资格的护理人员根据医嘱和病情，对患者住院期间护理过程进行的客观记录。而护理记录单就是这一记录的载体，也是患者在住院治疗过程中的重要医疗记录。具体操作方法如下。

（1）打开住院电子病历管理窗口。

（2）选择左侧树状菜单中的护理记录单，显示如图 7-9 所示的"护理记录单"界面。

（3）单击"新增记录"按钮，将会在护理记录单中建立一条空白记录。

（4）操作员在其中填写相应信息后，单击"保存"按钮即可。

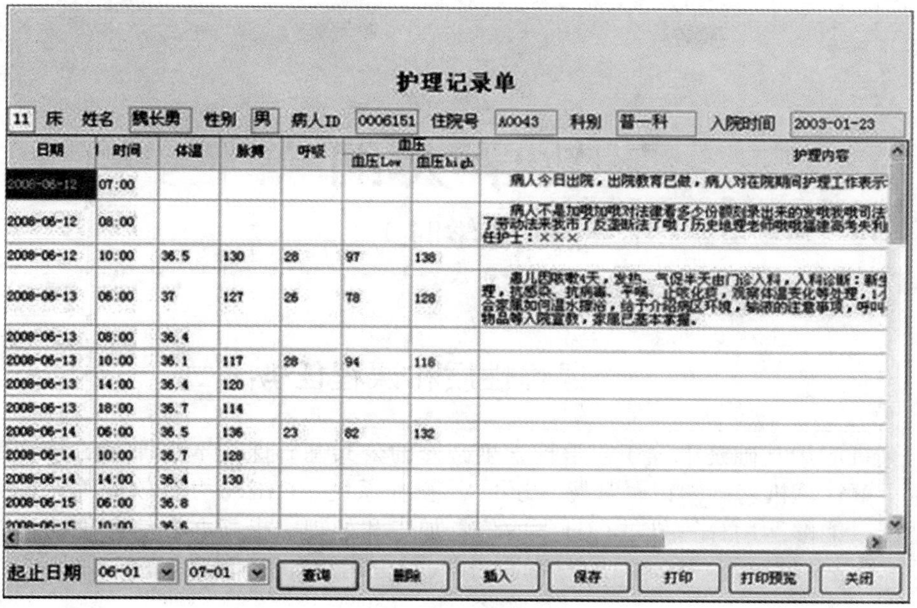

图 7-9 护理记录单

【实训评价】

本实训任务让学生使用全结构化病历书写子系统填写病历，使学生了解全结构化病历书写子系统的使用方法。

【注意事项】

收治患者窗口中，红色提示项目为必填项，没有填写完成前不能保存，收治不能生效。床号如果是从 HIS 中获取的数据，则该字段内容无法修改，必须默认在入院登记时确定的床号。

【实训作业】

学会使用全结构化病历书写子系统书写病历，并试着使用电子病历系统的其他子系统。

教学大纲

（72 学时）

一、课程性质和课程任务

计算机应用基础是中等职业学校学生必修的公共基础课，本门课程的教学目标是使学生了解计算机基础知识，掌握 Windows 操作系统、Office 办公软件等计算机基本操作技能，能够运用计算机进行日常的信息加工和处理，提高办公信息化处理能力，培养计算机基本素养，为学生在今后的工作岗位上运用计算机技术打下基础。

二、课程教学目标

（一）知识教学目标

（1）掌握计算机的历史与发展、计算机系统的组成、计算机中的数据表示和信息编码、计算机基本操作；了解计算机病毒及防治。

（2）掌握 Windows 7 操作系统和 Office 2010 系列办公软件中的 Word 2010、Excel 2010 和 PowerPoint 2010。

（3）了解 Internet 基础，掌握 Internet 的简单应用。

（4）了解医学信息学基础。

（二）能力培养目标

（1）通过实验教学，使学生具备规范、熟练的计算机基本操作技能。

（2）培养学生用所学的计算机基本知识处理日常生活和工作中遇到的各种问题。

（3）培养学生举一反三、融会贯通的能力，发现问题、分析问题、解决问题的能力，终生学习，自学能力。

（三）思想教育目标

（1）通过学习，培养学生实践能力，提高他们的素质，将知识、能力内化，使学生热爱创新，热爱科学，热爱自己的专业，培养实事求是的科学态度，树立正确的人生观。

（2）具有良好的职业道德、人际沟通能力和团队精神。

（3）具有严谨的学习态度、敢于创新的精神、勇于创新的能力。

三、教学内容和要求

教学内容	教学要求			教学活动参考	教学内容	教学要求			教学活动参考
	了解	理解	掌握			了解	理解	掌握	
第一章 计算机基础知识				理论讲授 微课学习 多媒体演示 上机实训	任务二 显示管理和用户管理			√	理论讲授 微课学习 多媒体演示 上机实训
实训1 计算机系统组成及开关机操作					任务三 软件和硬件管理			√	
任务一 认识微型计算机和常用设备			√		实训6 常用工具软件简介				
任务二 了解微型计算机的内部结构		√			任务一 美图秀秀		√		
任务三 掌握主机外设连接			√		任务二 数码大师		√		
任务四 掌握正确的开关机方法及安全操作			√		第三章 文字处理软件Word 2010				
实训2 指法练习					实训7 Word 2010 基本操作				
任务一 熟悉键盘结构,会正确使用键盘			√		任务一 文档的创建与保存			√	
任务二 鼠标操作练习			√		任务二 打开文档,录入文本内容			√	
任务三 汉字输入练习			√		实训8 文档录入与编辑				
第二章 Windows 7 操作系统				理论讲授 微课学习 多媒体演示 上机实训	任务一 确定插入点位置及插入操作			√	理论讲授 微课学习 多媒体演示 上机实训
实训3 Windows 7 操作入门					任务二 选定、移动或复制文本			√	
任务一 窗口的基本操作			√		任务三 查找与替换文本			√	
任务二 菜单及图标的基本操作			√		实训9 文档格式排版				
任务三 设置任务栏		√			任务一 设置文字格式			√	
任务四 Windows 7 帮助系统使用	√				任务二 段落排版			√	
实训4 文件管理					任务三 页面布局			√	
任务一 文件及文件夹的基本操作			√		实训10 表格制作				
任务二 创建程序的快捷方式			√		任务一 创建、修改和编辑表格			√	
任务三 搜索文件和文件夹			√		任务二 制作课程表			√	
实训5 环境设置和设备管理					任务三 制作成绩单			√	
任务一 个性化桌面			√		任务四 制作科室工资表			√	
					实训11 图文混排				
					任务一 基本操作训练			√	
					任务二 制作学校晚会海报		√		
					任务三 制作一份单页小报		√		

续表

教学内容		教学要求			教学活动参考	教学内容		教学要求			教学活动参考
		了解	理解	掌握				了解	理解	掌握	
第四章	电子表格处理软件 Excel 2010				理论讲授 微课学习 多媒体演示 上机实训	任务四	在演示文稿中插入组织结构图、射线图			√	理论讲授 微课学习 多媒体演示 上机实训
实训 12	Excel 2010 操作入门					任务五	调整幻灯片的顺序			√	
任务一	工作簿基本操作			√		实训 19	PowerPoint 2010 版式调整、动画和超级链接				
任务二	工作表基本操作			√		任务一	修改模板和母版			√	
任务三	制作通讯录		√			任务二	添加幻灯片切换、动画效果			√	
实训 13	工作表格式化					任务三	设置超级链接			√	
任务一	格式化表格			√		任务四	演示文稿的放映			√	
任务二	页面设置			√		实训 20	制作完整的幻灯片			√	
实训 14	公式与函数的使用					第六章	计算机网络与 Internet 基础				
任务一	公式的输入、复制及显示			√		实训 21	网上漫游				
任务二	函数的插入及复制			√		任务一	IE 基本操作		√		
任务三	公式与函数的综合应用			√		任务二	浏览网站		√		
实训 15	图表使用					实训 22	电子邮件				理论讲授 微课学习 多媒体演示 上机实训
任务一	创建图表			√		任务一	申请电子邮箱			√	
任务二	图表的编辑与格式化			√		任务二	编辑与收发电子邮件			√	
实训 16	数据分析					实训 23	常用网络工具的使用				
任务一	成绩单排序			√		任务一	微博	√			
任务二	成绩单筛选			√		任务二	腾讯 QQ			√	
任务三	数据分类汇总			√		任务三	微信			√	
实训 17	药品销售明细表（综合）		√			第七章	医学信息学基础				理论讲授 微课学习 多媒体演示 上机实训
第五章	演示文稿软件 PowerPoint 2010				理论讲授 微课学习 多媒体演示 上机实训	实训 24	医院信息管理系统				
实训 18	PowerPoint 2010 基本操作					任务一	门诊挂号管理子系统	√			
任务一	演示文稿的建立与插入文本、图片			√		任务二	门诊护理工作站子系统	√			
任务二	在演示文稿中插入图形、艺术字			√		实训 25	电子病历管理系统				
任务三	在演示文稿中插入表格图表			√							

四、学时分配建议（72 学时）

教学内容	学时数		
	理论	实践	小计
第一章 计算机基础知识	6	2	8
第二章 Windows 7 操作系统	4	8	12
第三章 文字处理软件 Word 2010	6	8	14
第四章 电子表格处理软件 Excel 2010	6	6	12
第五章 演示文稿软件 PowerPoint 2010	4	6	10
第六章 计算机网络与 Internet 基础	4	4	8
第七章 医学信息学基础	4	2	6
机动	2	0	2
合计	36	36	72

五、教学大纲说明

（一）适用对象与参考学时

本教学大纲可供护理、助产、药学、医学检验、农村医学等专业使用，总学时为 72 学时，其中理论教学 36 学时，实践教学 36 学时。

（二）教学要求

（1）本课程对理论教学部分要求有掌握、理解、了解三个层次。掌握是指对计算机应用基础中所学的基本知识、基本理论具有深刻的认识，并能灵活地应用所学知识分析、解决工作和生活中遇到的各种问题。理解是指能够解释、领会概念的基本含义并会应用所学技能。了解是指能够简单理解、记忆所学知识。

（2）本课程突出以培养能力为本的教学理念，在实践技能方面分为熟练掌握和学会两个层次。熟练掌握是指能够独立娴熟地进行正确的实践技能操作。学会是指能够在教师的指导下进行实践技能操作。

（三）教学建议

（1）在教学过程中要积极采用现代化教学手段，加强直观教学，充分发挥教师的主导作用和学生的主体作用。注重理论联系实际，并组织学生开展必要的案例分析讨论，以培养学生分析问题和解决问题的能力，使学生加深对教学内容的理解和掌握。

（2）实践教学要充分利用教学资源，案例分析讨论等教学形式，充分调动学生学习的积极性和主观能动性，强化学生的动手能力和专业实践技能操作。

（3）教学评价应通过课堂提问、布置作业、单元目标测试、案例分析讨论、期末考试等多种形式，对学生进行学习能力、实践能力和应用新知识能力的综合考核，以期达到教学目标提出的各项要求。

参考文献

陈辉江 .2014. 计算机应用基础实用教程 . 大连：大连理工大学出版社

冯启建，孙学民 .2014. 计算机与卫生信息技术 . 河南：河南科学技术出版社

冯泽森 .2014. 计算机与信息技术基础 . 北京：电子工业出版社

李丽萍，潘战生，杨智业，等 .2014. 计算机应用基础 . 北京：科学出版社

刘艳梅，叶明全 .2012. 卫生信息技术基础 . 北京：高等教育出版社

王维宏，李新宇 .2013. 计算机应用基础 . 北京：科学出版社

韦红，张海燕 .2016. 计算机应用基础 . 北京：科学出版社